农产品安全生产技术丛书

香蕉 芒果
安全生产技术指南

许林兵　高爱平　蒲金基

吴元立　朱　敏　黄建峰　编著

U0238310

中国农业出版社

图书在版编目（CIP）数据

香蕉、芒果安全生产技术指南 / 许林兵等编著．——
北京：中国农业出版社，2011.8（2015.1重印）
（农产品安全生产技术丛书）
ISBN 978-7-109-15921-1

Ⅰ.①香… Ⅱ.①许… Ⅲ.①香蕉－果树园艺－指南
②芒果－果树园艺－指南 Ⅳ.①S668.1-62②S667.7-62

中国版本图书馆 CIP 数据核字（2011）第 148474 号

中国农业出版社出版
（北京市朝阳区农展馆北路 2 号）
（邮政编码 100125）
责任编辑　杨天桥

北京通州皇家印刷厂印刷　　新华书店北京发行所发行
2012 年 1 月第 1 版　　2015 年 1 月北京第 2 次印刷

开本：850mm×1168mm 1/32　印张：7.125　插页：8
字数：177 千字　印数：3001～6000 册
定价：18.00 元
（凡本版图书出现印刷、装订错误，请向出版社发行部调换）

前　言

中国是世界第一大水果生产国，2009年全国水果总产量为9 599万吨。

香蕉是中国最大宗的水果之一，2009年产量达820万吨，排在水果的第五位。根据2011年联合国粮农组织（FAO）的数据库，中国香蕉产量排在世界第四位。在过去的20年间，中国香蕉产业稳步发展，这归功于经济的快速增长。2009年全国香蕉种植面积33.88万公顷，在水果种植面积中排第九位，位于苹果、柑橘、梨、葡萄、荔枝、龙眼、桃之后。主要的种植区域在广东、广西、海南、福建、云南等省、自治区。

芒果是世界仅次于香蕉的第二大热带水果，目前世界上有110多个国家进行生产性栽培。根据FAO统计资料，2005年世界芒果总产量为2 851万吨，其中77%来自亚洲，美洲和非洲分别生产13%和9%，其他地区仅占1%。2005年世界出口鲜芒果82.66万吨，占当年总产量的2.90%。印度是世界最大的芒果生产国，中国则排在第七位。我国有7个省、自治区100多个县（市）有芒果分布和生产。海南的三亚、乐东、东方、陵水、昌江，广西的田东、田阳，云南的华坪、永德、保山、元江、德宏，广东的湛江、茂名，台湾以高雄、台南为主，四川的攀枝花，福建以漳州、厦门为主。据农业部发展南亚热带作物办公室2010年资料统计，2009年中国（除台湾外）芒果种植面积为 13.11 万公顷，收获面积约 8.42 万公顷，单产达 10.61 吨/公顷，产量 89.41 万吨。

近年来，由于进口国外水果及东盟水果产品实行零关税，冲击了我国高档热带水果市场，香蕉和芒果受冲击最大。如何在确保水果食品安全的前提下，提高这两大宗热带水果的竞争力是迫在眉睫的问题。

为了适应香蕉、芒果生产可持续发展的需要，应中国农业出版社邀约，我们组成了具多年研究及实践经验的专家作为作者团队，编写了这本《香蕉 芒果安全生产技术指南》。本书第一章香蕉由许林兵、吴元立执笔，第二章芒果由高爱平、蒲金基、朱敏、黄建峰执笔。作者对当前香蕉、芒果的产业发展进行了深入的调查研究，并总结了多年研究及推广的新成果、新品种、新技术、新市场动态。

本书通俗易懂，具有实用性和先进性，适合广大香蕉、芒果栽培从业人员阅读参考。希望起到抛砖引玉的作用，为香蕉、芒果产业发展带来实际经济效益。

特别鸣谢：

广东省农业厅现代农业产业体系建设专项：岭南水果创新团队首席（岗位）专家及综合示范与培训站长建设任务！

广东省科技厅"香蕉产业推进关键技术研究与示范"项目为本书提供许多最新的研究成果！

农业部公益性行业（农业）科研专项"芒果规范栽培及冷藏气调贮藏技术研究"以及农业部物种资源保护

项目"芒果物种资源保护"为本书提供了最新研究成果！

岭南水果首席专家黄秉智研究员在本书编著过程中提出很多宝贵意见，特此鸣谢。

由于我们对香蕉、芒果产业及各地实际情况不能全面了解，加上时间仓促，书中难免有错漏之处，恳请广大同行提出宝贵意见。

编著者

2011 年 5 月于广州

联系作者：

许林兵　吴元立
广东省农业科学院果树研究所
地址：广州市五山区
邮编：510640
电话：020 - 38765468

高爱平　蒲金基　朱　敏　黄建峰
中国热带农业科学院品种资源研究所
海南儋州

目　录

第一章

香蕉安全生产

第一节 香蕉生产概况

一、世界香蕉生产概况

(一) 产量

香蕉是位于水稻、小麦、玉米之后的世界第四大粮食作物。根据联合国粮农组织 2010 年统计, 2009 年世界香蕉总产量 12 770.685 4 万吨, 是第一大宗水果 (柑橘 12 441.407 8 万吨、葡萄 6 693.519 9 万吨、苹果 7 173.693 8 万吨)。香蕉是世界栽培面积最广的水果之一, 有 125 个国家和地区种植香蕉, 产量排名前 10 位的国家是印度、乌干达、菲律宾、中国、厄瓜多尔、巴西、印度尼西亚、哥伦比亚、加纳、卢旺达 (表 1-1)。

表 1-1 2009 年世界香蕉和大蕉产量 (FAO, 2010)

(单位: 千吨)

	香蕉	大蕉*	合计	%
世界	93 390.721	34 316.133	127 706.854	100
印度	26 217.000		26 217.000	20.5
乌干达	615.000	9 512.000	10 127.00	7.9

---

* 大蕉, 即芭蕉; 香蕉和芭蕉同属于芭蕉科芭蕉属, 不同种。

（续）

	香蕉	大蕉	合计	％
菲律宾	9 013.186		9 013.186	7.0
中国	8 207.702		8 207.702	6.4
厄瓜多尔	7 637.324	549.388	8 186.712	6.4
巴西	7 193.189		7 193.189	5.6
印度尼西亚	6 273.056		6 273.056	4.9
哥伦比亚	2 020.393	3 011.784	5 032.177	3.9
加纳	57.500	3 562.500	3 620.000	2.8
卢旺达		2 600.000	2 600.000	2.0

（二）市场贸易

香蕉主要消费地区分为欧洲、北美洲、亚洲、南共体国家及智利等，欧盟、美国和日本占世界进口总量的 65％～70％。

香蕉的进口极具地域性，这一趋势是由香蕉的运输成本、成熟时间以及进口国的政策等因素决定的。中南美洲产蕉国可无需配额和关税向美国市场供应香蕉，欧盟国家主要从西班牙加那利群岛、希腊、葡萄牙以及非洲、加勒比、太平洋其他国家进口。菲律宾等东盟国家是日本、韩国、中国和中东等亚洲国家香蕉的主要供应国。

2003 年以来，全球香蕉出口量呈现增长态势，分别为 1 568.004 0 万吨（2003 年）、1 618.403 3 万吨（2004 年）、1 671.268 4 万吨（2005 年）、1 736.015 3 万吨（2006 年）、1 815.209 2万吨（2007 年），2008 年达到 1 846.024 6 万吨，占总产量的 14.6％，多于苹果、葡萄、柑橘。随着全球经济的增长和经济一体化进程，贸易壁垒的不断突破，各跨国香蕉公司也在不断开拓新的市场，香蕉的贸易量也必将平稳增长。表 1 - 2 是 2008 年十大香蕉进口国数量，表 1 - 3 为 2008 年十大香蕉出口国及金额（FAO，2011）。欧盟国家和北美洲是 2 个主要贸易市场，占据了七成的份额。亚洲的日本年进口量约 100 万吨，独联体国家、中东也还有市场潜力可挖，不存在香蕉市场供过于求的现象，只是市场结构发生变化。发达国家出于食品安全的考虑对进口香蕉的农药残留提出更高的要求，有机香蕉越来越受市场欢迎，许多新品种如 Klui Hom Thong（黄金蕉）、Katali（粉蕉）、Senorita（贡蕉）、Morado（红蕉）和 Tinduk（大牛角）也在国际市场崭露头角；香蕉公司也希望开发出新品种部分取代单一的 Cavendish（卡文迪许）香牙蕉；另外，毁灭香牙蕉的枯萎病 4 号热带小种的威胁更加快了新品种研发的步伐。

表 1 - 2   2008 年香蕉和大蕉十大进口国及进口额

	进口量（千吨）	进口额（千美元）
世界	17 288	11 438 473
美国	4 248	1 362 313
德国	1 388	1 091 593
比利时	1 511	1 941 149
日本	1 093	828 770
俄罗斯	1 006	670 114
英国	990	725 704
意大利	708	563 212
加拿大	477	313 156
法国	582	492 964
中国	362	138 556

表 1 - 3   2008 年香蕉和大蕉十大出口国及出口额

	出口量（千吨）	%	出口额（千美元）	平均价（美元/吨）
世界	18 460	100	8 702 941	471.42
厄瓜多尔	5 357	29.0	1 639 400	306.03
哥斯达黎加	2 070	11.2	711 664	343.49

（续）

	出口量（千吨）	％	出口额（千美元）	平均价（美元/吨）
菲律宾	1 906	10.3	1 084 260	568.63
哥伦比亚	1 798	9.7	654 354	363.88
危地马拉	1 506	8.2	342 320	227.21
比利时	1 343	7.3	1 528 720	1 137.60
洪都拉斯	607	3.3	170 732	281.08
美国	524	2.8	344 144	656.02
巴拿马	367	2.0	99 040	269.70
科特迪瓦	264	1.40	119 140	450.70

虽然香蕉是最大宗出口水果，然而绝大多数的香蕉还是在当地消费。这些香蕉近半数是庭院栽培，经营管理粗放，外观品质差，但施有机肥多，风味好。产地香蕉除了鲜食外还被制成各种各样的食品，如炸、烤、煮、煎、泥、糕、浆、酒，成为日常主要食物。在部分热带地区，香蕉就是食物的代名词，人均消费量近百千克，非洲小国乌干达甚至达到了惊人的 400 千克。但对发达国家而言，香蕉是价廉物美、营养丰富的水果。

（三）主产国概况

1. 印度 印度是世界最大的香蕉生产国，近年来政府加大对香蕉的研发投入，促进产量快速增长。2008 年种植面积 71 万公顷，产量 2 622 万吨，占世界香蕉产量的 20％。香蕉是印度人的主要食品，95％以上内销，少量出口到尼泊尔、巴基斯坦、不丹等邻国。印度也是香蕉的起源和变异中心，特别是 B 基因型香蕉。印度已收集的资源超过 1 100 份，是除国际香大蕉改良网络以外的最大基因库。

2. 菲律宾 菲律宾是亚洲最大的香蕉出口国。2009 年产量 901 万吨，2008 年出口量 190 万吨，金额大幅提高至 10 亿美元。全国各地均种植香蕉，世界著名的水果公司 Dole、Chiquita、

Del Monte 等在最南端的棉兰老岛设出口基地，不断提高产品技术含量，种植有机香蕉、高地超甜香蕉，出口单价达 568 美元/吨，为几大出口国之最。棉兰老岛北纬 7°左右，面积达 9 万千米^2，雨量均匀充沛，全年无台风。菲律宾也是香蕉多样性中心。主要栽培品种是香牙蕉出口专用品种；少量出口的还有 Katali（粉蕉）、Senorita（贡蕉）、Morado（红蕉）和 Tinduk（大牛角）；大蕉 Saba 和 Cardaba 常作为加工和煮食用品种；Lakatan、Bungulan、Latundan 和 Senorita 为地销鲜食品种。

3. 厄瓜多尔　厄瓜多尔是世界香蕉生产大国及最大的香蕉出口国。对于这个人口为 1 200 万的小国而言，香蕉产业就业岗位占全国总数的 16%，近 200 多万人。2009 年香蕉种植面积 34 万公顷，产量 672 万吨，出口量达 498 万吨，出口值 10 亿美元，占国际出口市场的 29%，排名世界第一。香蕉是这个国家仅次于石油出口的第二大外汇来源。其主栽品种是 AAA 类型的香牙蕉品种。其栽培技术、生产管理、市场销售均属世界最先进。

4. 巴西　巴西也是世界香蕉生产大国，2009 年种植面积 51 万公顷，产量 719 万吨，主要是内销，少量出口到乌拉圭、阿根廷。在沿海城市香蕉只是第一水果，但在许多乡村家庭香蕉是第一粮食。其主栽品种是 Prata 和 Pacaven 两个 AAB 类型的芭蕉品种。在中南部的商业香牙蕉园少量种植。

5. 乌干达　乌干达是非洲最大的香大蕉生产国，2009 年产量达 1 000 万吨，种植面积世界第一，达 168 万公顷。几乎家家户户都种植。大蕉在乌干达就是食物的代名词，2 500 万人口的国家一年竟然吃掉了 1 000 万吨大蕉，人均 400 千克的消费量令人咋舌。可见，大蕉在乌干达的地位比厄瓜多尔还重要，因为大蕉就是他们的生命。大蕉（Plantain）以煮食为主，少量当鲜果食用。

6. 印度尼西亚　香蕉是印度尼西亚最广泛栽培的水果。年产量达 627 万吨，收获面积 10 万公顷。在乡村，几乎家家户户都有香蕉，而且种类繁多，但很少有大规模商业栽培。食用方法多种多样，茎、叶用途也很广泛（同样可以卖钱）。印度尼西亚是重要的香蕉起源中心，从苏门答腊岛到新几内亚岛均有各种各样的野生或栽培香蕉分布，是香蕉种质资源的宝库。

二、中国香蕉生产概况

（一）种植面积及产量

中国是世界第一大水果生产国，2009 年全国水果总产量为 9 599.225 0 万吨，香蕉仅排在苹果 3 168.079 0 万吨、柑橘 2 521.102 0 万吨、梨 1 426.298 0 万吨、桃 1 004.020 0 万吨之后。99％的香蕉作为水果鲜食，不到 1‰ 的用作加工。根据 2011 年 FAO 的数据库中国香蕉产量排在世界第四位。在过去的 20 年间，中国的香蕉均稳步增长，归功于经济的快速增长。

2009 年全国香蕉种植面积 33.88 万公顷，在水果种植面积中排第九位，位于苹果、柑橘、梨、葡萄、荔枝、龙眼、桃及葡萄之后。2009 年产量 820 万吨，排在水果的第五位，位于苹果、柑橘、梨和桃之后。主要的种植区域在广东、广西、海南、福建、云南等省、自治区（表 1-4）。

表 1-4　2009 年香蕉 5 大产区的种植面积及产量

省份	面积 （千公顷）	产量 （千吨）	平均单产 （吨/公顷）
广东	127.39	3 578	28.09
海南	50.25	1 595	31.76
广西	70.5	1 556	22.08
云南	58.49	1 155	19.76
福建	29.13	906	30.10
全国	338.8	8 833	

虽然商业栽培的香蕉园在一些年份产量可超过 60 吨/公顷，由于台风和冷害的影响，平均产量只有 26.07 吨/公顷。

（二）消费和贸易

中国香蕉主要的消费市场在沿海城市以及北方。2009 年消费量约 900 万吨，消费金额约 260 亿元。2008 年出口 24 096 吨，货值 2 188.2 万美元，进口 362 326 吨，货值 13 855.6 万美元。

（三）主要品种结构

主要品种为香牙蕉型（AAA，Cavendish）、粉蕉（ABB，Pisang Awak）、大蕉（ABB）、龙牙蕉（AAB，Silk）、贡蕉（AA，Pisang Mas）。香牙蕉品种中，巴西蕉是最受香蕉产区欢迎的品种，占种植面积的近一半；其他品种有威廉斯、广东 2 号、漳蕉 8 号及地方品种高脚遁地蕾。各品种种植范围及面积估算见表 1-5。

表 1-5　主要香蕉栽培品种

染色体类型	品　种	面积（%）	种植省份
AA 贡蕉	贡蕉、海贡蕉	3	广东、海南、云南
AAA 香牙蕉	巴西蕉	46	广东、海南、广西、福建、云南
	威廉斯	17	广西、广东、云南、海南、福建
	抗病香牙蕉	6	广东、广西、海南
	矮蕉	1	广东、广西、海南、福建、云南
	天宝高蕉	3	福建
	其他香牙蕉	11	广东、广西、海南、福建、云南、四川、贵州、重庆
ABB 粉蕉	广粉 1 号	1.5	广东、海南、广西、福建
	粉杂 1 号	0.5	广东、海南、广西、福建
	粉蕉	3.5	广东、广西、海南、福建、云南

（续）

染色体类型	品　种	面积 （%）	种植省份
ABB 大蕉	中把大蕉	4	广东、海南、广西、福建、云南、四川、重庆
	高脚大蕉	3.5	广东、广西、海南、福建、云南、四川、贵州、重庆

（四）品种区域规划

根据我国香蕉产区存在受冬季低温、夏季台风危害的问题，需制定品种与收获期区域化，保证香蕉周年均衡供应，规避市场低价风险和气候风险。

1. 海南岛—云南、雷州半岛—粤东、闽南沿海　冬季气温较高，少霜冻，夏天台风危害少，适宜种植高产、优质的品种，如巴西香蕉、威廉斯、广东香蕉 2 号、广粉 1 号粉蕉、海贡蕉等，收获期在 12 月到翌年 6 月份；枯萎病区种植抗病香牙蕉。

2. 桂北、闽南北部—粤东北、粤中　冬季常霜冻，夏天台风危害少，适宜种植高产、优质的品种，如巴西香蕉、威廉斯、广粉 1 号粉蕉、海贡蕉，冬、春种植，收获期在 10 月到翌年 1 月份；部分地区或夏植者，8～10 月份收秋蕉。

3. 茂名、珠江三角洲、桂南、云南　台风登陆危害减少，而且抗风栽培技术提高，适宜种植高产、优质的品种，如巴西香蕉、威廉斯、广粉 1 号粉蕉、海贡蕉、贡蕉等，珠江三角洲可种优质粉蕉、贡蕉、大蕉作为细分市场品种补充。夏植 8～10 月份收秋蕉。春植收春蕉，然后留芽收秋蕉。

4. 云南南部高海拔地区—海南中部山区　打造高地香蕉的品牌，种植巴西香蕉、威廉斯、广粉 1 号粉蕉，7～9 月分种植，收获期 8～11 月份，此时产量高，品质好，价格高。

5. 粤桂北部山区、云南中部　冬季低温，适宜种植抗寒性较强的粉蕉和大蕉类，但在部分暖冬年份或地理位置特殊、避寒的地方，香蕉也可以过冬。通过大苗种植或冬季覆盖种植等一系列的配套栽培技术，也可以实现当年种，当年收，取得较理想的收益，如清远、河源、梅州等地，收获期在 11 月到翌年 2 月份。

三、香蕉的营养价值

香蕉以其鲜艳的色泽、独特的风味以及丰富的营养、天然无籽、剥食容易等特点，深受人们喜爱，是人们日常生活不可缺少的食品，也是少数可以直接作为新生婴儿的食品（热带地区的妈妈直接用贡蕉喂食新生儿）。因此，香蕉已成为最大宗的热带水果及主要经济作物。

表 1 - 6　每 100 克香蕉营养同其他水果的比较

(Pllatt，1962)

	热量 （焦耳）	碳水化合物 （克）	蛋白质 （克）	维生素 C （毫克）
橙	222	7	0.8	40
香蕉	485	20	1.0	20
芒果	264	12	0.5	30
菠萝	238	9	0.4	30
番木瓜	243	10	1.0	200

由表 1 - 6 可见，香蕉的碳水化合物含量高于其他水果，其热量也较其他水果高。大蕉的碳水化合物含量比香蕉的还高 25% 左右。在非洲、中南美洲、太平洋上许多岛屿，大蕉是当地主要的粮食。除生食外，还可以蒸、煮、烤、炸食，所以大蕉也叫煮食蕉。在许多地方，大蕉心和雄花蕾也可作为蔬菜吃。大约 95% 的香蕉用于鲜食，5% 用于加工，切片晒干、油炸或研磨成粉、制香蕉汁和香蕉酱、酿酒。在非洲，大量的啤酒是由特殊的

香蕉品种酿制而成，这种低酒精含量的啤酒富含维生素，有较高的营养价值。香蕉粉在热带地区常用来做曲奇饼。捣烂的香蕉泥冷冻，可用于制奶昔、饼、冰淇淋。在菲律宾，香蕉酱用途广泛，周年都有供应。在珠江三角洲和云南等地，大蕉的花蕾常被用来煮猪肉，或作为健美食品"减肥汤"。

香蕉除了食用还有药用价值。香蕉有清热解毒、滑肠通便之功效，大蕉还可以健胃。明朝李时珍在《本草纲目》中有"生食（芭蕉）可止渴润肺，通血脉，填骨髓，合金疮，解酒毒。根主治痈肿结热，捣烂敷肿，捣汁服，治产后血胀闷，风虫牙痛，天行狂热，叶主治肿毒初发"之说。据研究表明，香蕉的化学成分与胃内膜黏液相似，可减缓胃溃疡及痢疾。在非洲科特迪瓦，大蕉是传统的药物，预防口腔溃疡、牙病、白内障、痢疾、闭尿、更年期心悸、心脏病等。成熟香蕉皮捣烂，可用于敷伤口，由于皮内层可抗感染，急救时可直接用蕉皮包扎伤口。香蕉皮可以治疗某些皮肤病，以及作为护肤用品。香蕉皮还可以制成洗发液。在澳大利亚，香蕉被认为是"好心情食品"，因为香蕉含有较高的维生素 B_6，可以帮助食用者缓解紧张、焦虑的心情。运动员在比赛中间休息时吃香蕉可以补充水分、能量，并调节、缓解紧张的情绪。

海南、云南香蕉产区的农民常常用嫩叶、茎秆和废弃蕉果来喂猪、山羊和牛。假茎富含纤维，可用作绳索、造纸以及其他纺织材料。特殊的纸张要求纤维拉力较强，常用香蕉纤维做原料制茶包、纸币等。香蕉纤维还可以制造各种各样的手工艺品。香蕉叶子可用来挡雨遮阳或包装食物，在东南亚，蕉叶是一次性使用的生物台布、碟碗盖。在马来西亚，粉蕉的叶子比粉蕉的价格还高。农民常常割叶子卖给餐厅用作包装（裹）食物（如粽子）。香蕉的乳汁是一种含单宁的染色剂，一旦沾在衣服上不马上洗的话，就会出现洗不掉的褐色斑，只有特殊的漂渍液才可以将它洗净。

在巴布亚新几内亚，野生蕉的种子被用于制成项链或其他饰品。香蕉是热带的象征，是热带地区良好的景观植物。香蕉还可以为可可、咖啡、黑胡椒、豆蔻和山竹子遮阴。

总之，香蕉植株各部分都有一种或多种用途，印度语中的Kalpathru，即"万能的草"。由于香蕉人见人爱，消费量日益增加，市场不断扩大，刺激着香蕉种植业的蓬勃发展，成为许多地方的主要经济来源。2010年以来，发达国家的大城市街头开始出现香蕉自动贩卖机，说明香蕉已经与我们生活的每时每刻息息相关了。

四、香蕉的经济效益

（一）经济效益

由于我国适合种植香蕉的地区不多，而潜在的消费市场却是世界最大的13亿人口的大市场，这就给香蕉生产者提供了很好的机遇。

香蕉是短期、高产作物，投资少，见效快，当年种当年收。20世纪80年代不少万元户就是靠勤劳种植香蕉致富的，从那时起，香蕉产区东莞、高州、合浦、漳州、乐东、隆安、武鸣的蕉农开始告别祖传人畜混居的四合院，盖起了"香蕉楼"。在新兴的香蕉之乡徐闻，2009年全县香蕉种植面积1.8万公顷，产量70万吨，连年丰产丰收，农民种蕉致富。在建设社会主义新农村的热潮中，水泥路已经村村通，甚至已经通到大规模的香蕉园，蕉区农村的房子几乎都被新楼房取代。家家盖房子以至"洛阳纸贵"——建材用石头和沙子价格飚升，要依赖从海南"进口"才能满足建筑市场需求。蕉农们已乘风破浪，进入小康时代。

在华南，有从各行各业致富的百万富翁，其中不乏靠自己双手勤劳致富的蕉农。每年看到蕉农开着新买的高级汽车来参加香蕉行业年会时就知道效益有多好。

（二）生产成本

1. 投入分析 在香蕉产区，香蕉是主要的经济作物和农民的主要经济来源。中高档香蕉的生产成本一般不低。以珠江三角洲为例，1公顷香牙蕉的生产成本如下（元）：

地租8 600～22 500，整地开沟1 100～5 600（第一年费用高），种苗2 500（留芽则免），工具、套袋、用具及设备2 000～6 000，肥料、灌溉13 000～19 000，农药2 000，蕉桩（竹）2 200～4 800（第二年减半），工资9 200（约0.20～0.3元/千克），其他1 500，合计47 000～73 100。

近年来香蕉产业蓬勃发展，推高了土地租金。目前，珠江三角洲能种香蕉的亩地租600～1300元/年，良田达1800元/年；在云南西双版纳，良田租金达2000元/年；粤中（开平、恩平、肇庆）、广西、海南400～900元/年，粤西300～600元/年。农民的自留地100元/年左右，但面积很小。2公顷以上的土地租金不低于400元/年。此外，每亩还要增加50～100元中介费、管理费。

整地一般是开畦、犁、耙、挖穴，一般几十元到300元。如果是山林地，开耕的费用可能会再高一些。

种苗1.4元/株左右（含运费和种植人工）。粤西的种苗会便宜一点，但种植密度高达180株，费用也不低。

工具、用具及设备是指劳动工具、农机、灌溉设施、果穗的套袋，不含水源、工棚费用。在干旱地区（琼西、雷州半岛、桂西），打井费用10万元，深200米，灌溉15～20公顷。如果安装喷、滴灌系统，每公顷3 000～9 000元。果穗的套袋价格0.2～1.6元/个，蓝薄膜袋0.2元/个，珍珠棉袋0.3元/个，纸袋1.6元/个，但可以回收用1～2次。如果用肥料袋，约0.3～0.6元/个，可以反复使用。

肥料的成本一般 5～10 元/株，其中有机肥约 3～5 元/株，化肥 2～5 元/株（含叶面肥和激素）。灌溉能源费用 0.3～2 元/株，根据地理和气候决定用水量的多少。

农药费用主要用作种植时杀地下害虫、苗期害虫、蚜虫、蓟马、叶斑病、黑星病，不同地区、气候、新旧园不同。空气湿度大的地区，叶斑病和黑星病的防治费用高达 1 元/株。

蕉桩（竹）是香蕉种植的必要保证，毛竹尾 2.6～5 元/支，可用 2～3 年，水竹 1.2～2.0 元/支，可用 1～2 年。但徐闻的部分春夏香蕉，情愿冒风险，不用蕉桩有时也行，但对已经倾斜的或边行的植株还是要支撑。

近年来，工资的费用在不断上升，每公顷 7 000 元的费用比国外应该不算高。许多大公司的蕉园是采取工人承包产量的方式作为工资管理依据，香蕉高产、优质，工人的收入就高。工人每月预支生活费 300～400 元，每千克香蕉最低 0.14 元，一般是 0.2～0.36 元，当然如果遇到自然灾害，则有保底工资 900 元/人·月。农场管理人员工资约 0.06～0.12 元/千克。如果是月工资，则 900～1 200 元/人·月。

其他费用包括租地的中介费、社交餐费、保安费、交通费、通讯费等。

折算出每株香蕉第一年的成本约 22～35 元，第二年约 13～23 元。

总之，4 万～7 万元/公顷的开园成本费用是合理的，折算成每亩每造蕉 3 000～5 000 元。第二年就低很多，整地、种苗、工具、设施、蕉竹、工资都可以全部或部分节省，但农药和肥料的费用则省不了。

当然，农民在自己的土地上种 1 000 米^2 左右香蕉时几乎不用什么成本，除了种苗，300～500 元肥料、农药就搞定了，但是香蕉的质量和收购价格比较低，产品无法与商业蕉园竞争。

2. 产出分析　通常在没有天灾（台风和冷害）、枯萎病时每公顷香蕉可收获 1 500～1 800 株，冬季和春季，每株产量 16～20 千克，共 30～40 吨，夏季和秋季每株产量为 22～32 千克，每公顷收获 50～60 吨。一旦台风和冷害发生，将会减产。一般来说，在冬季和春季收购价在 2.0 元/千克时就可达到保本，夏季和秋季收购价在 1.5 元/千克时就可达到保本。2010 年的一级蕉收购价约 2.2～3.2 元/千克，最高达 5.4 元/千克；粉蕉收购价约 4.2～5.6 元/千克，最高达 7.6 元/千克；贡蕉收购价最高达 13 元/千克；海贡蕉收购价最高达 11 元/千克，大蕉最高达 3 元/千克。因此，正常气候年份和良好管理种植香蕉、粉蕉、海贡蕉的经济效益均可观。

第二节　香蕉生物学特性及对环境条件的要求

一、香蕉的生物学特性

（一）根的生长习性

香蕉的根系是由球茎抽生出大量不定根组成的须根系，其作用是从土壤中吸收水分和养分，固定植株向上直立生长。香蕉根属肉质根，呈白色，生长后期木栓化变为黄褐色。根的数量取决于球茎的大小和健康状况，通常从球茎中心柱的表面以 4 条一组的形式抽生，粗 5～8 毫米，200～400 条，有时可多达 700 条。大多数根从球茎上部发生，故分布在 30 厘米以上的土层，形成水平根系，长度可达 3 米。香蕉吸收养分主要依靠水平根系。从原生根系可长出许多次生根，在次生根上长出许多根毛，是根系吸收水分和养分的主要部位，也叫吸收根。吸收根主要发生在原生根的末端，故施肥部位距蕉头 0.5～1 米为佳。球茎下部抽生出的根系，形成垂直根系，深度取决于土壤的理化结构、地下水位高低以及不同品种，有时可达 1.5 米深。

土壤的物理结构好、疏松、通气良好，利于好气的香蕉肉质根伸展。反之，水淹过蕉头2天，幼根就会因缺氧而坏死，时间再长就会整株死亡。土壤的化学结构是指养分含量及其组成，养分充足可以促进根系生长，但施肥不当也会伤根。高秆品种根系也分布较深，且广。粉蕉、大蕉的根系较香蕉的适应性强，抗旱性、抗涝性、抗瘠薄、抗寒性均较强，因此粉蕉和大蕉可以在山区、河边、塘边种植。

香蕉根系生长的最适宜温度为白天25℃，夜晚18℃，停止生长的温度白天为15℃，夜晚10.5℃。在广州地区，一般11月下旬根系停止生长，进入相对的休眠期，到次年的3月上旬才开始萌动，因此冬季可以施有机肥及松土改善土壤的物理结构。

4月至10月份是根系生长旺季，由于生长量大，需保证土壤的养分和水分供应，以满足香蕉生长的需要。

(二)茎、叶的生长习性

香蕉的茎由真茎和假茎组成。香蕉真茎包括球茎和气生茎(花序茎)。球茎俗称蕉头，是着生根系、叶片和吸芽的地方，又是整个植株的养分贮藏中心，供应根系、叶片、吸芽、花果发育。球茎分化成皮层和中心柱2个区，结合部位明显起于维管束，基本组织为贮藏养分的薄壁组织的淀粉层。球茎大，假茎周长就长，从球茎抽生出来的根数也越多，产量也越高。

球茎顶部为生长点，前期抽生叶片，当达到一定的叶片数和叶面积时，生长点转化为花芽，形成花穗。花轴也就是果轴，是气生茎。

真茎上着生许多叶片，两叶片着生之间的距离称为茎节。球茎的节间很短。每节间含有1个腋芽，但能发育成吸芽的仅几个至十几个。组培苗因受高浓度外源激素干扰，会提早抽生吸芽，数量也较多。

假茎由叶鞘层层紧抱，覆瓦状重叠而成，外观呈圆柱形，大小因种类及生长状况而异，色泽为黄绿色，香蕉类（AAA 组）带有黑褐斑。通常养分越充足黑斑越多。部分巴西香蕉也有绿茎的变异，称为绿秆巴西（碧盛），很少黑褐斑。抗枯萎病类的香蕉也有红茎与绿茎之分。红香蕉的假茎为紫红色。粉蕉、粉大蕉和海贡蕉的假茎为黄绿色，外披白蜡粉。叶柄基部与下一叶柄基部交会点间的距离称为叶距，也称假茎的节。高秆品种节间长，矮秆品种节间短、密。苗期可以因此分辨出是否是变异苗。叶鞘两面光滑，内表皮纤维素大大加厚，外表皮木质化，起保护作用。叶鞘内有薄壁组织和通气组织。维管束有发达的韧皮部，带离生乳汁导管，多分布于靠近表皮处，最外层的维管束也伴有厚壁组织，由于没有木质化细胞，组织结构疏松，香蕉叶大招风，加上果穗重，所以假茎易倒伏或折断。抗风力也因种类而异，大蕉较粉蕉抗风，同样高瘦的粉蕉比香蕉抗风。矮秆香蕉比高秆抗风。2 米以上高度的香蕉挂果时一般需要用杉木或竹子支撑。香蕉假茎高度依品种、气候、茬别、栽培条件等不同而异，高秆品种比矮秆品种高，正造蕉比春蕉高，宿根蕉比新植蕉高，肥水充足、土壤条件好的比差的高，密植比疏植高，光照条件差比光照条件好的高。正常条件下，各品种的茎高与茎周的比（茎形比）在抽蕾时是相对稳定的。

香蕉叶片的功能是进行光合作用，把根系吸收的无机矿质营养和水分合成植株生长发育所需的有机养分。叶片面积越大，光合能力越强，生长越快。

香蕉的叶片在吸芽刚形成时先抽生出几片鳞状叶鞘，然后抽生剑叶，接着长出 30 片左右正常大叶，最后一片短圆的为护叶。组培苗无剑叶阶段，第 5～7 片叶龄时起红褐斑，15 片叶龄时消失，中秆香牙蕉 36 片叶（含大苗 7 片）时抽蕾，高秆 39 片叶，抗枯萎病香牙蕉 42～28 片叶，粉蕉 45～50 片叶，中秆大蕉 42 片叶，高秆大蕉 50 片叶，海贡蕉 28 片叶。肥水充足、温度适宜时叶片抽生速度快（约 4 天一片），叶片大而厚，总的叶数也较一般的少 2 片左右。种植密度高的蕉园植株，叶片数也会增多 3～8 片。香蕉最大的叶片发生在倒数第四、五片，其次为第三、六片叶，最后 5 片叶占总叶面积的 30%，最后 12 片叶占总叶面积的 70%。叶片的大小因叶龄不同而异，也因品种不同而变化。植株越高，叶片越长，面积越大。肥水条件好，叶片面积较大、较厚。每片叶的面积 1～3 米^2。高秆品种总叶面积可达 30 米^2 以上，中秆品种总叶面积也可达 25 米^2，而矮秆品种叶片总面积约为 15 米^2。香蕉的叶面积指数为总叶面积除平均每株树的占用土地面积。因此，根据高产的香蕉园计算出香蕉园适合的叶面积指数为 3～4.5。在阳光辐射强、肥水充足的地区，叶面积指数较高，由此也可为种植密度提供依据。同一个品种，新植蕉比宿根蕉矮，叶面积较小，种植密度可较高。同样，土壤气候条件好的园地比差的种植密度低。

叶的寿命为 71～281 天，长短取决于环境条件、品种和健康状况。春季叶的寿命比秋冬季长，但在病菌危害、肥水不适、台风撕裂、温度不适宜、空气污染、光照不足时，叶片的寿命也较短。要提高果实耐贮性和商品质量，就必延长叶片寿命，保证收获时有较多的青叶数。高产的蕉园抽蕾时青叶数有 13 片以上，通过增施钾肥，防治叶斑病、黑星病，最后收获时仍有 8～10 片叶，使果实抗黄熟及裂果，耐贮藏，货架期也有保证。

（三）花、果的生长习性

香蕉没有固定的物候期，花芽分化不受四季气候变化的影响，从田间观察可见香蕉只要叶片抽生到一定数量就可以长出花序，因此四季都可以开花，只是开花的数量和质量一年四季有所不同，主要原因是花芽分化期至抽蕾期受光照、温度、植株养分的影响。

在生产上，一般认为花芽分化期在吸芽种植后抽 20～24 片叶时，香牙蕉及贡蕉组培苗 30 叶龄左右开始花芽分化，新植中秆蕉此时一般 1.5 米左右高。3 月底 4 月初种植的香蕉 7～8 月份开始花芽分化。9～10 月份种植的植株，翌年 4～5 月份花芽分化。粉蕉组培苗 37 叶龄左右开始花芽分化，新植粉蕉此时一般 2 米左右高。海贡蕉组培苗 22 叶龄左右开始花芽分化，新植粉蕉此时一般高 1.3 米左右。

花芽分化开始时有 10～12 片叶未抽出，花芽分化到抽蕾的时间，夏季约 2 个月，冬季约需 5 个月。花芽分化过程中先分化雌花，再分化中性花，再到雄花，形态观察先看到果梳再见到单果。花芽分化期开始，树体要消耗大量的养分，此时须增施肥料，以促进分化较多果梳和果数。

花芽分化质量还受气温的影响，使果梳数、果数、果形在不同季节表现不同，在珠江三角洲地区被称作青皮仔、白油身、尖嘴等。花芽分化完成后，气生茎不断往上长，叶片着生的位置也升高，最后在顶端抽出"葵叶"，接着现蕾。花蕾抽出后向下弯，打开花苞开花，花序为穗状无限花序。每梳花由船底形的花苞包住，苞形有长披针形和阔卵形两类，先端有锐尖和钝尖两类。苞色有紫红、橙黄、粉红、黄绿等色泽。先开出的花是雌花，大约 10 梳左右。雌花数取决于树体营养状态。雌花可以发育成果实。雌花开完后是 1～2 梳中性花，接着是雄花。雄花一经开放即自动脱落。雄花浪费养分，因此在开中性花时就施行断蕾。也有极个别品种，如千磅培香蕉有时无雄花。

香牙蕉现蕾至断蕾的过程，夏季需 14 天，冬季需 25 天左右；果穗断蕾后，夏季需 65～80 天可收获，冬春季则多要长达 90～130 天。

贡蕉现蕾至断蕾的过程，夏季需 8 天，冬季需 20 天左右；果穗断蕾后，夏季需 30～50 天可收获，冬春季则多要长达 60～80 天。

海贡蕉现蕾至断蕾的过程，夏季需 8 天，冬季需 16 天左右；果穗断蕾后，夏季需 28～45 天可收获，冬春季则多要长达 55～

70 天。

粉蕉现蕾至断蕾的过程，夏季需 18 天，冬季需 30 天左右；果穗断蕾后，夏季需 85～100 天可收获，冬春季则多要长达 100～150 天。

大蕉现蕾至断蕾的过程，夏季需 13 天，冬季需 25 天左右；果穗断蕾后，夏季需 75～90 天可收获，冬春季则多要长达 90～120 天。

实现以上各生育期是在肥水供应正常、抽蕾青叶数 12 片以上、收获青叶数 6 片以上的前提下获得的。

水分和养分也会影响果实生长发育时间。高温干旱会引起蕉果低成熟度时在树上转黄（黄熟蕉），造成失收（失去商品价值）。

每穗香蕉的梳果数、果指大小、形状等，与品种、气候和栽培条件关系甚大，每穗 6～15 梳，每梳 12～30 个果，果重 50～400 克，果指长 12～28 厘米。一般来说，果数是上层梳多下层少，个别头梳少于 16 个果，但第二梳就是最大梳，一般在 26 个以上。果指长也是上长下短，梳数越多果指长差异越大，这与养分供应有关。因此，要获得圆柱形的优质果穗，梳数最好限制在 8 梳以内，其余的去掉，确保上下的果指长短差异小，收购时合格率高。

果指在开花前与花蕾是同方向的。开花后果穗向地性生长，而果指逐渐向上弯，背地性生长。通常果穗向地性好，果指背地性就好，穗形、梳形、果形就好。如果因气候或其他因素使果轴上部短、果轴斜生，会影响果指正常上弯生长，果指会向侧、向下生长，造成反梳。此时应除去反梳的果，以保证穗形美观。一般来说，高秆品种果轴长，果穗垂直向下，果指上弯好，梳形也较好。有时每梳果数过多也会造成三层果，影响梳形。

香蕉果实的生长，在抽蕾前已开始，主要是果皮生长。果肉的生长要等到果指上弯后才开始。肉、皮的比例从开始的 0.17

增至 90 天时的 1.82。抽蕾后,在 42 天时皮肉干物质相等,在 70 天时皮肉鲜重相等。在 14 天时,果肉含水量达 91%,在 70 天时减至 74%。香蕉果肉干物质的积累主要是淀粉。果指大小是商品价值的一个重要指标。目前我国香蕉市场标准仍是越长、越粗,就越高价。影响粗度的因素除黄熟蕉以外,主要有成熟度和品种特性及养分条件。果指长度主要与品种有关,高秆品种一般较长;其次与栽培条件(肥水、温度、湿度)、果梳数、青叶数有关,6~8 月份的果指也较其他时间的果指长。此外,果指伸长期(断蕾前后)喷施植物生长调节剂可增加果指长度。然而这种方法也会使果实风味减少,生育期延长。在日本市场,可溶性固形物 25° 以上的香蕉要比普通香蕉(20° 以下)价格高至 3 倍。上半年从台湾和华南输入的香蕉大受欢迎,价格高。为此,菲律宾通过在高海拔(600 米以上)地区种植超甜香蕉来与中国香蕉竞争日本高价市场。国内部分蕉园夏天也采用挂果达 5 成开始断肥,抑制灌水,以提高耐贮性和品质。

二、香蕉对环境条件的要求

(一)温度

香蕉是热带果树,对温度要求较高。冬季温度降至 20℃ 时生长缓慢,14℃ 的低温就停止生长,10℃ 以下嫩叶边缘干枯,4~5℃ 叶片大部分冷伤、褪绿、干枯,1~2℃ 整片叶会被冻至枯萎,霜冻使整株枯死,阴冷雨天会使假茎腐烂、死亡。香蕉最适合生长的温度是 27℃,到 38℃ 时生长停止,并可能发生叶片和果实日灼。12~13℃ 适合蕉果贮运。

在各类香蕉中,大蕉(ABB)最耐寒,依次是粉蕉(ABB)、龙牙蕉(AAB)、金手指(AAAB)、香蕉(AAA)、贡蕉(AA)。香牙蕉类(AAA)中一般认为高脚遁地蕾最耐寒。矮秆品种冬季抽蕾时果轴抽生较短而出现指天蕉,所以被认为不耐寒。香蕉各器官对冷害敏感程度依次是果轴、花蕾、幼叶、幼果、叶片、假茎、根系球茎。生育期中不耐寒依次是抽蕾期、幼苗期、花芽分化期、幼果期、果实膨大期、大苗期。但是在抽蕾期和幼果期温度低于13℃，特别是有干风的夜晚幼果极易受冻。受冻的果实发育较慢，外观变暗绿，撕开果皮可见维管束变褐色，果实收获以后催熟果皮只能变暗黄色。果指外观表现水平或稍向上生长，区别于正常果弯向上。受冻的蕉果外观差、暗黄色，收购的价格比较低。受冻严重的不能催熟，失去商品价值。

低温是限制亚热带香蕉高产的一个主要因子，但适当低温对提高果实质量和风味都有利。每年10月份日夜温差大，夜晚有20℃左右低温，此时花芽分化的就是翌年的"尖嘴蕉"，果长，优质。10月份抽蕾的"青皮仔"，在冬季低温下缓慢生长，挂果时间长，日夜温差大，糖分积累多，肉质结实，风味佳，耐贮藏，是风味最好的香蕉。日本市场最受欢迎的香蕉就是台湾及华南地区生产的春夏蕉，价格比热带地区生产的香蕉高出1倍。

（二）水分

香蕉是大型草本植物，水分含量高，假茎含水82.6%，叶柄含水91.2%，果实含水79.9%，叶面积大，蒸腾量大，因此对水分要求高，每形成1克干物质大约要消耗水分500～800克。

香蕉的需水量与叶面积、光照、温度、湿度及风速有关。强光、高温、低湿、风速大，植株需水量大。夏季晴天矮蕉每株每天消耗水分25升，多云天消耗18升，阴天也要9.5升。折算成每公顷2500株计算，每个月要耗水1875吨，相当于187.5毫米降水量。如降雨不足就须通过灌溉补充，夏季5天左右无降雨的晴天要适当灌溉，但在相对湿度高的山区（云南西双版纳）日夜温差大，早上叶片表面有露水，灌溉可以节省些。

水分不足，香蕉生长受影响，轻则叶片下垂呈凋萎状，气孔关闭，光合作用暂停，重则会使叶片枯黄凋萎，叶片抽生困难，变小，停止抽叶，接着假茎软化倒伏。新植组培苗和挂果期最为敏感，抽蕾期也是需水的临界期，此时水分供应不足会影响果轴抽生，长期干旱会影响产量、质量及收获期。大蕉、粉蕉较龙芽蕉耐旱，香蕉最不耐旱。相反，当雨季水分过多时，根系缺氧，无法呼吸就会烂死。据我们在中山观察，水浸 72～144 小时，所有植株先是叶片变黄，然后凋萎，植株死亡。大蕉和粉蕉的耐涝性要强于香蕉。

香蕉适合的田间持水量是 60％～80％。可以通过灌溉和田间地表覆盖及起畦调节土壤湿度，以利于根系生长。

空气湿度对香蕉生长也有明显影响。密封的大棚空气湿度较高，小苗每月抽生的叶片要比不密封的大棚多 2～3 片。大田香蕉植株生长在高湿的季节要比低湿季节快 50％。合理密植可以提高空气相对湿度，有利于植株生长。但是，相对湿度过高会引起叶片叶斑病和黑星病，缩短叶片寿命。

（三）光

据对野生蕉和栽培蕉的考察发现，香蕉单株种植并不比园地群体种植好。说明香蕉似乎不需要强光照，反而适当密植，光照适当减弱，对生长有利。许多学者都认为香蕉有一半的光强度就足够了，但收获期要推迟一些。

据观察，大棚温室适当遮阴反而可以加快叶片抽生速度，这也许与强光抑制生长素合成有关。然而，过密的香蕉园会引发叶片严重病害，叶片抽生慢，生长停滞，生产期加长，果实失去商品性。光照强度强，植株较矮，光照较弱，植株较高。

合理密植不但可以减少强光对叶片、果实和根系的灼伤，调节地温及园地内空气湿度，有利于提高单位面积产量，还有利于促进生长发育，提高单株产量，提早成熟。就光照强度而言，海南岛和雷州半岛及沿海地区的太阳辐射强度大，栽培密度应较珠江三角洲地区大。

（四）土壤

香蕉是须根系，肉质根分布较浅，而且生育期短，生物量大，所以对土壤的物理、化学特性要求十分严格。它要求土壤既要疏松通气、排水良好，又要保水、湿润，最好是沙壤土至轻黏土，具团粒结构、有机质丰富的冲积土和火山土是栽培香蕉最好的土壤。我国现有的香蕉产区如珠江三角洲、雷州半岛、高州鉴江两岸，福建九龙江两岸，海南澄迈、乐东，云南红河两岸、左江两岸均属沙壤土至轻黏土壤。

优质丰产的香蕉园一般有以下特点：土层深度在 60 厘米以上；土质疏松，透气性良好；地下水位在 1 米以下；土壤酸碱度（pH）5.5～7.5。

在土壤理化条件不良的地方，可以通过栽培管理措施改良。地下水位高的围海田种蕉，应采用高畦、深沟、单行种植的办法，降低地下水位。山坡地土壤在种植前最好挖穴施足基肥，改良土壤。南方红壤土普遍偏酸性，要适当施石灰中和，减少铝、锰、铁离子毒害。土壤的物理结构和化学结构还影响枯萎病的发生和感病率。

（五）风

香蕉是大型草本果树，树大招风，根系着生浅，叶柄、假茎无木质化，果穗较脆、较重，故抗风性差。我国主要香蕉产区均分布在沿海地区，因此常受台风影响，特别是挂果后头重脚轻，即使无台风，一场暴风雨也可使之翻倒露头或折秆倒伏，宿根蕉尤其严重。风速超过 10 米/秒，对高秆香蕉产量有影响，叶片会被撕裂，甚至部分或全部折断，植株生长明显减慢。风速超过 20 米/秒时，矮秆蕉被吹断叶，高秆香蕉挂果植株有防风措施的如果木桩绑得不好，也会有可能被折断或植株翻头倒掉，造成当年失收。风速超过 30 米/秒时，叶片会被全部吹断，假茎基部或中部折断，强度差的竹子或木桩也会折断。

台风是在西太平洋地区对热带气旋的叫法。在每年的5～11月份海水温度26℃以上的热带或副热带洋面生成，包括热带低压TD、热带风暴TS、强热带风暴STS、台风TY、强台风STY和超强台风SUPERTY（如2005年9月26日登陆的"达维"，风速＞54米/秒）。从卫星云图上看，台风分为台风外围、台风本体和台风中心三个部分（表1-7）。每年登陆我国有危害性的台风约有7个，其路径大的方向是由东往西移动，5～6月份开始从台湾、福建到粤东，7月份从粤中到粤西有台风登陆，8～10月份粤西和海南的台风危害较严重。台风登陆后风力会迅速减弱，但带来的强降雨一般＞100毫米，最高超过800毫米，因此台风到来前不但要防风还要防涝。每当台风到来前要密切注意台风走向，留意电台、电视台、网站的预报。可浏览以下网站，了解台风过去及将来的路径、强度的时刻变化。

中央气象台：http：//www. nmc. gov. cn/

广东气象网：http：//www. grmc. gov. cn

海南省气象局：http：//mb. hainan. gov. cn

香港天文台 http：//www. hko. gov. hk

以上网站除了解台风的动向也可以了解其他对香蕉生产影响的天气情况，包括暴雨、冰雹、寒流霜冻、干旱等预测预报，提前做好相应的防范措施。特别是抽蕾和采收的关键时期。

表1-7 热带气旋等级划分

热带气旋等级	底层中心附近最大平均风速（米/秒）	底层中心附近最大风力（级）
热带低压（TD）	10.8～17.1	6～7
热带风暴（TS）	17.2～24.4	8～9
强热带风暴（TST）	24.5～32.6	10～11
台风（TY）	32.7～36.9	12
	41.4	13

（续）

热带气旋等级	底层中心附近最大平均风速（米/秒）	底层中心附近最大风力（级）
强台风（STY）	41.5～46.1	14
	46.1～50.9	15
超强台风（SUPERTY）	51.0～56.0	16
	≥56.1	17

香蕉产区也可以调节种植和收获的时间避开台风危害，减少木桩成本。海南、徐闻的香蕉园6月以前收获，不用木桩支撑。而珠江三角洲的蕉农为了获得高产和高收益，情愿冒台风的风险收中秋节香蕉，用坚硬的毛竹来支撑，挂六成熟度果的植株，9～10级台风也能顶得住。

（六）不同气候条件对果实发育的影响

在亚热带地区，由于气温、雨量及光照等气候条件不同，造成香蕉生长发育也有明显季节性。按抽蕾、收获时间的不同，果实的产量和质量不同，大致分为雪蕉（旧花蕉）、新花蕉、正造蕉。其中各个时期还有些细微差异。珠江三角洲蕉区在不同季节不同生长期限收获的果实，依其外形或栽培特点分别有以下专门的称呼。

1. 青皮仔 10月上旬至下旬（有时11月上旬）断蕾，翌年2月中旬至3月下旬（有时4月上旬）收获，果实生长期120～150天，期间气温较低，气候干燥，果实生长缓慢，果皮青色，蕉指较短，味香甜。青皮仔是重要的春夏蕉。

2. 鼓钉 11月上旬至12月下旬断蕾，翌年3月下旬至4月下旬采收，果期135～150天，由于开花期遇冷害，果瘦而直，呈墨绿色。

3. 指天蕉 也称龙船头，1月断蕾，4月下旬至5月上旬采收，果期 130～140 天，由于抽蕾时温度低，果轴抽生节间变短，果穗不能正常下弯而指天蕉，果实瘦小而直，皮厚、色深绿，产量低，质量差。

4. 白油身 1 月下旬至 2 月中下旬断蕾，4 月下旬至 5 月下旬采收，果期 120～130 天，抽蕾时温度较低，果短直，披油光，成熟时果皮淡绿色，果肉白，味淡，难催熟，产量低，质量差，现蕾前后遇低温干旱则可能形成指天蕉。

5. 尖嘴 3 月上旬至 4 月上旬断蕾，5 月下旬到 6 月下旬采收，果期约 100 天，由于春暖潮湿，新根发生多，果实长大，果端尖细，梳形好，产量高，质量好。

6. 大领 4 月中旬至下旬断蕾，6 月下旬采收，果期约 90 天。开花时气候暖湿，果大而重，果端大而钝，蕉门阔（果穗周径长），产量也高，质量一般，在尖嘴和崛蕉之间可见上尖下崛，即果穗上几梳为尖嘴，下几梳为崛蕉。

7. 长短指 5 月断蕾，7 月上旬采收，果期约 80 天。由于花芽分化期间受低温影响，梳数、果数少，果指长短不一，但由于抽蕾时气候好，果指生长快，果实钝长饱满，品质差，产量较低。

8. 孖蕉 6 月上旬断蕾，7 月下旬采收，果期约 75 天，梳数较多，果较密，头梳多孖蕉。

9. 吊铊 6 月中旬断蕾，8 月中下旬采收，果期约 70 天，果轴特长，梳数较少，开花时果较短，但后期果较长。

10. 正造蕉 也称大旺蕉，6 月中旬至 9 月下旬断蕾，9 月初至 12 月采收，果期 70～80 天，生长期气温高，雨水充足，梳数、果数多，产量高，常因果数较多而果指偏短，品质中等，有时易出现黄熟蕉。

以上是典型亚热带气候对香蕉开花结果的影响。在冬季较温暖的地区如粤西地区，一些种类如长短指等并没有发现。另外，香蕉生长季节也因气候变化（如低温出现的迟早与长短）而出现变化。在没有严重冷害的年份，尖嘴蕉的产量及梳形、果形、果指长度优于正造蕉。在冷害严重的年份，从尖嘴至长短指，由于植株的青叶数少，产量较低，甚至会失收；但青皮仔果实的耐寒性比鼓钉、白油身要好，收成的机会较多。在冬暖有雨或可灌溉的情况下，鼓钉、白油身也有较好的收成，但多数情况下是低产劣质蕉。

第三节　香蕉品种资源

一、香蕉的学术分类

香蕉属于姜目（Zingiberales）芭蕉科（Musaceac）芭蕉属（*Musa*）真芭蕉亚属（*Genus Musa*）。1750 年著名的植物学家 Karl von Linne 研究了少量欧洲的香蕉种类后认为，绝大多数食用香蕉都是源于 *Musa paradisiacal* Linn. 和 *Musa sapientum* Linn.。目前认为食用香蕉多是由原始野生种尖苞片蕉（*Musa acuminata*）和长梗蕉（*Musa balbisiana*）自交或杂交后代进化而成（果穗向天生长的菲蕉除外）。尖苞片蕉和长梗蕉的 15 个性状对比如表 1-8。

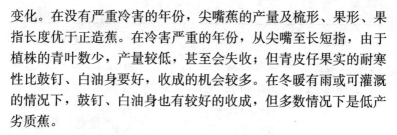

表 1-8　尖苞片蕉与长梗蕉的性状比较

（Simmonds and Shepherd，1995）

性状	尖苞片蕉	长梗蕉
1. 假茎色泽	深或浅的褐斑或黑斑	不显著或无褐斑
2. 叶柄槽	边缘直立或向外，下部边缘具翼膜	边缘向内，下部边缘无翼膜
3. 花序梗	一般有软毛或茸毛	光滑无毛
4. 果柄	短	长
5. 胚珠	每室有 2 行，排列整齐	每室有 4 行，排列不整齐

（续）

性状	尖苞片蕉	长梗蕉
6. 苞片肩宽狭	高而窄＜0.28	低而阔＞0.30
7. 苞片卷曲程度	苞片展开向外弯曲而上卷	苞片掀起，但不反卷
8. 苞片形状	披针或长卵形	阔卵形
9. 苞片尖形状	锐尖	钝尖
10. 苞片色泽	外部红色、暗紫色或黄色，内部粉红、暗紫或黄色	外部明显褐紫色，内部鲜艳深红色
11. 苞片褪色	内部由上至下渐褪至黄色	内部均匀褪色
12. 苞痕	突起	微突起
13. 雄花离生花被	瓣尖或多或少有皱纹	罕有皱纹
14. 雄花色泽	乳白色	或多或少粉红色
15. 柱头色泽	橙黄色，艳黄色	奶油浅黄，浅粉红色

根据表1-8中15个性状可以区别尖苞片蕉和长梗蕉。完全符合每一个尖苞片蕉性状的分值为1分，完全符合每一个长梗蕉的性状为5分。根据它的分值可鉴定它们的亲缘关系。此外，还可参考它们的染色体倍数（表1-9）。这是香蕉传统的分类方法，也称西蒙氏分类法。现代的许多分类方法如同工酶法、分子标记（RAPD，SSR，RFLP，AFLP）、线粒体基因分析法仍须以此作为基础进行，然后再作进一步分类。

表1-9 食用香蕉分类

倍性	组别类型	评分	栽培品种
2x	AA	15～25	贡蕉，海贡蕉，夫人指，圣女
3x	AAA	15～21	大密哈，香牙蕉，红蕉
4x	AAAA	15～20	阿托佛，FHIA-25
2x	AB	47～49	内卜凡，萨咯索，饭蕉
3x	AAB	26～46	菜蕉，龙牙蕉，牛角蕉，大王蕉，千手观音
3x	ABB	59～63	粉蕉，粉大蕉，芭蕉（大蕉）

倍性	组别类型	评分	栽培品种
4x	AAAB	27~35	阿坦，金手指香蕉
4x	AABB	45~48	卡拉马蕉，内果恩
4x	ABBB	67~69	铁帕罗德
2x	BB	70~75	阿布红，格拉，瘦蕉

在表 1-9 中的 10 个种群中，有 2 个是大量栽培的：AAA，AAB；2 个是中量栽培的：AA，ABB；3 个是少量栽培的：AB，BB，ABBB；有 3 个是人工杂交的：AAAA，AAAB，AABB。

广东省农业科学院果树研究所的黄秉智研究员等编制了我国《香蕉种质资源描述规范和数据标准》，为我国香蕉研究方面提供了国家标准。

二、香蕉的栽培分类

首先，依食用方式将广义上的香蕉简单分为鲜食香蕉（Desert banana）、煮食香蕉（Cooking banana）和大蕉（Plantain）三类，也经常简单地叫香蕉和大蕉。

国外所用的 Plantain 常被译成大蕉，但这个大蕉是指 AAB 组中的大蕉亚组，是属于龙牙蕉类中有菱角的香蕉，包括法国大蕉和牛角大蕉。其果实淀粉含量高，一般煮熟后食用，不同于我国分类中所说的大蕉。我国所指的大蕉属 ABB 组有菱角的香蕉。煮食香蕉应译成菜蕉，以示区别，但习惯上我国仍称大蕉类。

我国目前香蕉栽培品种不多，常将香蕉（广义上的）简单分为贡蕉（皇帝蕉）、香牙蕉（亦简称香蕉）、龙牙蕉、粉蕉和大蕉五大类。主要根据假茎颜色、叶柄沟槽和果实形状来区分（表 1-10）。

表 1 - 10　我国五种栽培蕉的形态区别

特征 基因型	贡蕉 AA	香牙蕉 AAA	大蕉 ABB	粉蕉 ABB	龙牙蕉 AAB
假茎	红底、有深褐黑斑	红底、有深褐黑斑	青底、无黑褐斑	青底、无黑褐斑	青底、有紫红色斑
叶姿态、形状	直立、薄、窄短	半开张、厚、短阔	半开张或开张、厚、短阔	开张、薄、窄长	开张、薄、窄长
叶柄沟槽	不抱紧、有叶翼	不抱紧、有叶翼	抱紧、有叶翼	抱紧、有叶翼	稍抱紧、有叶翼
叶基形状	对称楔形	对称楔形	对称心脏形	对称心脏形	不对称耳形
果轴茸毛	有	有	无	无	有
果形	圆柱形、无棱	月牙弯、浅棱、细长	直，具棱、粗短	微弯近圆柱形	直或微弯、近圆、中等长大
果皮	最薄、绿黄至黄色、高温黄熟	较厚、绿黄至黄色、高温青熟	厚、浅黄至黄色、高温黄熟	薄、浅黄色、高温黄熟	薄、金黄色、高温黄熟
肉质风味	柔滑蜜甜	柔滑香甜	粗滑酸甜无香	柔滑清甜微香	柔滑酸甜较香
肉色	黄色	黄白色	杏黄色	乳白色	乳白色
胚珠	2行	2行	4行	4行	2行

三、香蕉优良品种

（一）巴西香蕉

　　1987 年从澳大利亚引入广东。现为广东、广西、海南各香蕉产区主栽品种。属 AAA 群香牙蕉。假茎高 2.20～3.30 米，新蕉较矮，宿根较高。秆较粗，叶片较细长直立，果轴、果穗较长，梳距大，梳形、果形较好，果指长 19.5～26 厘米，果数中等多，株产 18.5～34.5 千克，果实总糖量 18.0%～21.0%，香味浓，品质中上。从试管苗到大田按 7 片叶龄记起，38 片叶左右可以出蕾。热带地区 9 个多月收获，亚热带跨冬季约 12 个月。该品种适应性强，株产较高，果指较整齐长大，收购价较高，但挂果期抗风力较弱，是近年来最受欢迎的品种。

（二）广东香蕉 2 号/大丰 1 号香蕉

广东香蕉 2 号由广东省农业科学院果树研究所从越南香蕉（Chuoi Tien）品种经系统选育而成的新品种。现为广东、海南栽培品种。AAA 群香牙蕉。假茎高 2.15～2.70 米，茎周 65～85 厘米，茎形比 4.3，叶片稍短阔，新蕉 38 片叶左右可以出蕾。果穗较长大，梳数、果数较多，果指长 19.0～22.5 厘米，株产 19.0～34.5 千克，最高产可超过 50 千克，果实总糖量 18.0%～21.0%，香味浓。该品种抗风力较强，对土壤肥水要求稍高或收获"肥蕉"（成熟度高）。是适合本地销售的优质蕉，抗寒力稍差，但受冻后恢复生长快。

大丰 1 号香蕉于 1987 年从高州良种场的广东香蕉 2 号品种优良突变单株中选出。经多年来在广州、东莞、南海、中山、湛江、汕头等地试验，表现出以下特点：①植株高度、茎周、叶形与广东香蕉 2 号基本相同，茎色比广东香蕉 2 号青绿，抽蕾时青叶数多0.5～1.0 片/株；②单株产量比广东香蕉 2 号平均高2.0～3.0 千克，增产 11%，果指长 1 厘米，在中山表现平均果指长 23.8 厘米，果实外观比广东香蕉 2 号有较大提高，产量比巴西蕉稍高，果指也稍长；③抗风性与广东香蕉 2 号相同，10 级台风倒株比巴西香蕉少 19%，产量高 8%。因此，既保持了原广东香蕉 2 号抗风、丰产的特点，又改进了果实的外观缺点，适合华南沿海地区种植。2007 年通过广东省农作物品种委员会审定。

（三）威廉斯香蕉

1985 年从澳大利亚引入的 Williams 中秆香蕉品种。属 AAA

群香牙蕉。现为广东、广西、云南、福建各香蕉产区主栽品种之一。假茎高 2.35～3.20 米，秆较细，青绿色，叶片较直立，叶形比 2.5，新蕉 38 片叶左右可以出蕾。果穗果轴较长，梳距大，果数较少，梳形整齐，果指长 19.0～22.5 厘米，指形较直，排列紧贴，株产 17.0～32.5 千克，果实总糖量 18.0%～21.0%，香味较浓。从试管苗到大田按 7 片叶龄记起，38 片叶可以出蕾，与巴西蕉相近。该品种抗风力较差，易感花叶心腐病、叶斑病，抗寒力中等，组培苗容易出现各种劣变，特别是矮蕉，因此在幼苗期应注意挑选劣株。现在广西推广的 B6 株系近年来最受欢迎。

（四）中山龙牙蕉

又称过山香（广东）、美蕉（福建）、象牙蕉（四川）、打里蕉（海南，Pisang Rustali 的译音）、Latundan、Klui Nam、Chuoi Goong。属丝蕉（Silk）属 AAB 群。假茎高 2.60～4.00 米，假茎周 75 厘米，淡黄绿色，具少数棕色斑点及紫红色条纹，叶片黄绿色，细长，叶基不对称，下垂，叶柄基部半开半闭，新蕉 44 片叶左右可以出蕾。果轴有茸毛，叶柄与假茎披白粉，叶柄绿淡红色，果实微弯，充实饱满，株产 12.5～18.0 千克，果指长 13.0～19.5 厘米，高温催熟果皮也能变金黄色，果皮较薄，催熟后易开裂，果指易脱梳，果肉粉质，结实，有特殊香味，甜中带酸，果实总糖量 20.0%～24.0%，品质优。该品种极易感枯萎病，易受象鼻虫危害，抗风性差，果实不耐贮运，抗寒力稍优于香蕉，生育期比香蕉长 1～2 个月。建议使用组培苗作种源，在地下水位低，没有种过粉蕉、粉大蕉、无枯萎病源的香蕉园混种或间种。高无机肥种植很容易引起枯萎病发生。

（五）红香蕉

20 世纪 70 年代从东南亚引入。别名 Pisang Raja Udang、

Klui Nakr、Morado、Red Dacca、Rouge。属 AAA 群红绿蕉。假茎高 3.00～4.00 米，茎周 67～87 厘米，除叶面呈绿色外，假茎、叶脉和中脉呈暗紫红色，梳、果数少，果指长 17.0～20.5 厘米，果皮暗紫红色，后期带绿条纹，果肉蛋黄色，肉质软滑，有特殊的兰花香味，果实总糖量 20%～21%。单株产 10～20 千克。该品种易突变为绿蕉，新蕉 48 片叶左右可以出蕾。生长期特长（15 个月以上），抗病、抗寒力弱。近年来，随着人们生活水平提高，对红蕉这种特殊品种有一定的市场需求，常用于祭祀。

（六）贡蕉

1963 年从越南引进，在海南、广东有少量试种。属 AA 群。别名芝麻蕉、金芭蕉、皇帝蕉、Pisang Mas、Kluai Khai、Amas、Chuoi Trung、Sucrier。假茎高 2.30～2.70 米，茎周 55 厘米，较纤细，叶片狭长直立，黄绿色，叶缘紫红色，果梳数较少，果指长 9～14.5 厘米，果形直浑圆，高温催熟后果皮也能变金黄色，果皮很薄（0.1 厘米），单株产 5～10.0 千克，果实总糖量 22.5%～30.2%，果肉质细滑，香甜有蜜味，风味极佳，为"贡品"香蕉，市场售价为香蕉之最，高达 20 元/千克。在东南亚常作为婴儿食品，已成为主要的优稀香蕉品种。从试管苗到大田按 7 片叶龄记起，35 片叶可出蕾。与香牙蕉基本相同，但挂果期短，总生育期较香牙蕉短（约 10 个月），但其抗寒性较差，受冻害后恢复慢，5、6 月常抽烂叶，感花叶心腐病、束顶病、叶斑病、黑星病、枯萎病 4 号小种。建议在冬季高温的地区种植。

（七）海贡蕉

2000 年从东南亚引进，在海南、广东大量种植。属 AA 群。别名抗病皇帝蕉、Piang Lampung、Pisang Empat puluh Hari、

Inarnibal。假茎高 1.60～2.70 米，茎中周 45 厘米，较纤细，叶片直立狭长，淡黄绿色，卷筒叶背绿色，把头浅绿色被白粉。果梳数较少，果指长 8～13 厘米，果形直、浑圆，高温催熟后果皮也能变金黄色，果皮很薄（0.1 厘米），单株产 3～9 千克，果实总糖量 18%～28%，果肉质细滑，香甜微酸，风味较贡蕉差，市场售价也较低。该品种生育期是栽培香蕉最短的，从试管苗到大田按 7 片叶龄记起，28 片叶可以出蕾。约 7 个月，抽蕾 40 天可收获（马来西亚名称 40 天蕉）。宿根蕉每 2～4 个月留一次芽，每年可以收获 3～4 造。其抗寒性及抗叶斑病、黑星病、束顶病、花叶心腐病较香蕉、贡蕉强。高抗枯萎病 1 号、4 号小种，一旦感病，通过肥水管理，吸芽仍可以恢复生长。可作为枯萎病地轮作品种。

（八）东莞大蕉

原产广东省东莞市。属 ABB 群。假茎高 2.30～3.20 米，属中秆大蕉。茎周 75～90 厘米，假茎绿色，叶宽大而厚，深绿色，基部近心脏形，对称或略不对称。叶背或叶鞘被白粉或无，叶柄长而闭合，无叶翼。果梳数比其他大蕉多，排列紧密，果较大，果短且直，棱角明显，果指长 15～25 厘米，果皮厚而韧，外果皮与中果皮易分离，杏黄色，柔软，味甜中带酸，缺香味，但健胃。单果重可达 400 克以上，单株产 15～26 千克，品质同普通大蕉一样甜中带酸。上半年果实产量较高，质量较好，果实总糖量 24%～25%。可出口香港，价格可达 2.5 元/千克。该品种适应性强、丰产、抗寒、抗风且抗叶斑病、黑星病、花叶心腐病、束顶病、枯萎病等病害，但生育期较长，比香蕉长 30～80 天。可作为田基保护行、复耕轮作作物和有机栽培商品大蕉。

（九）粉蕉

粉蕉（Musa ABB Fenjiao）催熟后皮色黄色或粉黄色，皮薄，果肉滑，清甜，淡黄白色，有牛奶味，故称牛奶蕉。别名蛋蕉、糯米蕉、米蕉、南蕉、美蕉、南华蕉（klui Namwa Luang）、阿华蕉（P. awak）、Katali、Daccasse。习惯上把果实被白色蜡粉的芭蕉均叫粉蕉类，包括粉蕉、粉大蕉（有棱角）。粉蕉按皮色分有青粉蕉和白粉蕉。青粉蕉果大，产量较高。植株生势壮旺，较耐旱、耐寒、耐涝、抗风，管理较粗放，产量高，品质优异，生势壮旺。普通粉蕉假茎 2.75～4.10 米，茎周 75～83 厘米，果指长 11.0～17.0 厘米，果实总糖量 22.0%～28.0%，单株产 10～22.5 千克，最高产超过 50 千克。除枯萎病 1 号小种外，其他病毒真菌病害均高抗，但是近年来发现粉蕉感染细菌病害。广州人认为香蕉吃多了会伤胃，但粉蕉却可以养胃。在珠江三角洲生育期 14～16 个月，海南 12～14 个月，比香蕉长 2～5 个月。该品种品质优异，耐寒、耐涝、抗风、适应性强，山区、平原均可种植。近年来粉蕉售价比香蕉和大蕉高，且稳定，每穗蕉收入过百元者并不鲜见，蕉农种植粉蕉的热情很高，种植面积逐渐扩大。粉蕉类极易感枯萎病 1 号小种，大规模投资种植应谨慎考虑其病害风险。选地时要考虑没有种过粉蕉或周围、上游没有种过粉蕉的土地。高无机肥种植很容易引起枯萎病发生。粗放管理、多有机肥（基肥）发病率反而偏低。

（十）广粉 1 号粉蕉

广东省农业科学院果树研究所从汕头市澄海区盐鸿镇林宗喜种植的粉蕉园中选出的优良单株。2006 年通过广东省农作物品种审定委员会审定，定名为广粉 1 号粉蕉。该品种保持粉蕉基本特性，品质优异，耐寒，抗风，适应性强，经济性状更优。其假茎高 2.80～4.00 米，茎周 75～83 厘米，10～15 梳，果指长 12.0～20.0 厘米，单果重 150～200 克，单株产 20～35 千克，高产园平均可达 40 千克，因此该品种的收购价比普通粉蕉高 10% 以上。在没种过粉蕉的新植园可收获 80%。亩产量可达

2 000千克，产值 6 000 元左右。由于该品种极易感枯萎病、卷叶虫，所以新植园应选用组培苗。粉蕉组培苗变异率较高，易感染香蕉线条病毒病，应注意识别。为降低枯萎病发病率，提高收获率，应多施有机肥，基施，尽量少锄草和伤根，用覆盖、手拔、除草剂除草。

（十一）粉杂 1 号粉蕉

广东省农业科学院果树研究所李丰年、黄秉智、杨护、许林兵等于 20 世纪 90 年代利用粉蕉和 BB 野生蕉杂交育出的抗枯萎病粉蕉类品种，再从后代选育而成。性状与粉蕉相似。果皮较厚，稍有菱角，果顶钝尖，味清甜有微酸，品质优异。可溶性固形物比广粉 1 号粉蕉高 1°～1.5°。假茎高 2.7～3.8 米，比广粉 1 号矮 30 厘米左右，单株产 10～22 千克，比广粉 1 号低 50%。生育期约 11～14 个月，比广粉 1 号短 2 个月。耐寒，耐涝，抗风，抗枯萎病 4 号小种，耐 1 号小种。一般可宿根 2～4 造。抗花叶心腐病、束顶病、叶斑病、黑星病、炭疽病。高无机肥种植很容易引起枯萎病发生，但新地不会超过 10%。一旦发病可增施有机肥，吸芽很快赶上。2011 年通过广东省农作物品种委员会审定。

（十二）抗枯 5 号香蕉（粤优抗 1 号香蕉）

2002 年由广东省农业科学院和华南农业大学分别从比利时的国际香大蕉改良网络种质交换中心（INIBAP‐ITC）引进，编号 ITC1282。原种为台湾香蕉研究所选育出的 GCTCV‐119，后捐献给 INIBAP。属 Cavendish AAA。广东省农业科学院分别在中山、番禺、东莞等地试种、选育，表现为较抗枯萎病，收获率可达 90% 以上。2006 年被广东省农作物品种审定委员会认定为抗枯 5 号香蕉。株高 2.78 米，茎基周 69.4 厘米，茎中周 49.9 厘米，假茎中绿色，有光泽，大面积紫黑色斑。果形微弯，微具菱角，果指长 19.4 厘米，周 11.0 厘米，果柄长 2.3 厘米，单果重 101～180 克。单株产 18.9 千克。生长期 14～16 个月，比巴西蕉长 2～3 个月，叶龄达 48 片以上。高抗枯萎病，抗寒力、抗风力比同高度的香牙蕉弱。

华南农业大学分别在东莞、番禺、珠海试种、选育，2006年被广东省农作物品种审定委员会审定为粤优抗 1 号香蕉。夏种株高 2.6 米，茎周 49.3 厘米，抽蕾叶片数 10.5 片，叶片长 2.1 米，宽 0.8 米，叶面积 1.4 平方米，果梳数 7.2 梳，果指数 117.2 个，第 3 梳指数 18.9 个，单穗重 19.2 千克，果指长 20.3 厘米，果指粗度 3.4 厘米，单果重 177.9 克，亩产量 3 000 千克。可食率 64.9%，果肉水分含量 79.8% 含总可溶性固形物 17.9%，可滴定酸 0.39%。品质与主栽品种巴西蕉相当。田间表现高抗枯萎病 4 号小种，发病率在 1% 以下。从定植到抽蕾 380 天，抽蕾到采收 90 天，全生育期约 470 天，建议每亩密度 120～140 株（陈厚彬，2006）。珠江三角洲 5～7 月种植，翌年 8～10 月份收获。春植采用大苗，3 月份种植，翌年 4～7 月份收获。

抗枯 5 号香蕉经过几代的选育，经济性状较原来的 GCTCV-119 和粤优抗 1 号香蕉均好。

（十三）农科 1 号香蕉

由广州市农业科学院从巴西香蕉组培苗变异中经系统选出的优质、高产、抗枯萎病的香牙蕉品种。2008 年 1 月通过广东省农作物品种委员会审定。假茎高 2.60 米，每梳果数 21 个，果指长 25 厘米，果周 13.5 厘米，新植蕉单株产 30 千克。叶柄把头比较深绿。叶片着生比较紧凑，直立，可以密植 10%。部分植株叶片对生，把头密集。珠江三角洲每亩种植 130 株、海南 150～180 株。从试管苗到大田按 7 片叶龄记起，42 片叶可以出蕾。在珠江三角洲生育期春植 190 天抽蕾，秋植 310 天抽蕾，春植蕉比巴西蕉长 15 天。夏植基本一致。在重病区巴西蕉发病率60%，而农科 1 号发病率只有 6%。其他性状与巴西蕉基本相同，因此该种有望作为枯萎病区替代品种（刘绍钦，2010）。

（十四）金手指香蕉

2002 年从比利时的国际香大蕉改良网络种质交换中心（IN-IBAP-ITC）引进，编号 ITC0504，FHIA01，Goldfinger。2006 年被广东省农作物品种审定委员会认定为金手指香蕉。新植蕉2.96 米，假茎基部周长 90.3 厘米，假茎中部周长 58.2 厘米，叶片长 225 厘米，宽 81 厘米，叶片较开张。果指长 18～20 厘米，周 11.9～14.0 厘米。果柄长 2.4 厘米，单果重 250 克，单株产 25.7 千克。果形微弯，果顶为尖或钝尖，后熟颜色金黄，味稍酸，品质中上。生长期 14～15 个月，比巴西蕉长 2～3 个月。高抗枯萎病，适于枯萎病高发蕉园种植。

第四节　香蕉生产栽培技术

香蕉栽培管理包括育苗、种植、园地管理、果穗管理等四个技术环节。

一、育苗

（一）育苗方法

香蕉是通过吸芽进行无性繁殖的。每株香蕉的球茎大约可抽生十多个吸芽，这些吸芽切出来就可以作繁殖材料，但是这种方法繁殖效率太低。蕉农们在生产实践中创造出一种球茎切块繁殖法，即秋天将球茎切成 7～8 块，切口浸涂杀菌剂，然后种于苗床上，芽眼向上，覆上泥及盖草。待翌年 1～2 月份蕉苗长出40～50 厘米后可出土移植。自 20 世纪 70 年代台湾科学家马溯

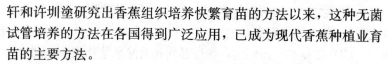

轩和许圳塑研究出香蕉组织培养快繁育苗的方法以来，这种无菌试管培养的方法在各国得到广泛应用，已成为现代香蕉种植业育苗的主要方法。

香蕉组培育苗分两个阶段：室内培育试管生根苗，也称一级育苗；大棚假植育苗，也称二级育苗。

（二）组培苗的特点

1. 可在短期内繁殖出大量纯种小苗 香蕉用传统的吸芽繁殖方法效率低。应用组织培养的方法有利于提高繁殖率，即用少量的优质母株的吸芽繁殖出大量的苗木，加速良种繁育。

2. 可以培养出健康的小苗 由于在无菌试管内培养，香蕉苗绝对无真菌、细菌、害虫的干扰，选无病毒吸芽苗作种源，经检疫在隔离的苗圃中炼苗，完全可以培育出无病虫的健康小苗。

3. 组培苗可以预测采收期且管理方便 组培苗前期受滞少，生长迅速且整齐，抽蕾期一致，管理容易，在良好肥、水、光、温等栽培条件下，组培苗生长速度稳定，生育期稳定，因此可以预测其开花期和收获期。

（三）组培苗大苗培育方法

1. 育苗大棚搭建

（1）选点 首先，苗圃必须交通方便，有淡水水源、电源，向阳，背风。交通方便有利于苗木运输，减少运输途中损害；珠江口的水冬季盐分高，对刚移出试管的幼苗有毒害作用，有时候使幼苗大批量死亡；有电源可以方便育苗管理、加温；冬季向阳、背风的地方有利于加湿、防寒。其次，育苗点应选择远离枯萎病区，远离（至少50米）旧蕉园及容易传播香蕉病害及昆虫的中间寄生作物，如茄科的茄子、辣椒，葫芦科的瓜类，豆科作物及玉米、姜、芋头、桃树等。第三，建立大棚，广东省农业厅

1991 年规定"必须在外层包围一层 40～60 目的防虫网，门口设立缓冲间"，确保隔离病虫。

（2）搭棚架 搭棚前，场地必须先清除杂草，用杀虫剂全面杀虫，减少虫口。大棚可以自搭竹棚或铁管棚，也可以购买现成的棚架安装。购买的棚架是由镀锌管弯制而成，其种类多。标准的规格为：30 米长，6 米宽，2.5 米高，管间间隔 0.6 米。自搭棚可以此规格作参考，原则是工作方便，能抗 8 级台风，棚顶不积水，没有尖锐棱角刺破防虫网和薄膜，在门口设立缓冲间。苗圃地应该进行土壤消毒，杀灭土壤地下害虫和土传真菌、细菌病害。如枯萎病，比较有效的防治方法是亩用石灰氮 50 千克，撒施，淋透水，覆盖地膜熏蒸 15～20 天。培养的基质为沙、土、椰糠等，也可以用于消毒。

（3）盖膜 棚架装好后就可以装钉防虫网，防虫网可以只装在需要打开薄膜通风的四周和前门。装好防虫网就可以将整个棚盖上塑料薄膜。塑料薄膜以漫反射薄膜保温、增加光照效果为佳。此外，还可以用 PVC 编织防水塑料布做覆盖材料。大棚盖薄膜时必须完全密封，以便更好地保湿、抗风。最好在薄膜外遮上遮阳网，并拉上压膜线固定遮阳网和塑料膜，以免被风吹开。有条件的棚内还可以安装自动喷水、喷雾设备。

（4）铺沙 夏季育苗应在棚内铺一层 3 厘米厚的粗沙以利于排水，因为夏季渍水容易引起病害。冬季育苗也应起畦，以利排水。

2. 假植前准备工作

（1）炼苗 炼苗可使组培苗出试管后对大棚环境（温度及光照）的适应性增加。组培苗出厂后把它们搬到育苗大棚作适应性炼苗 3～7 天左右。

（2）苗床准备 培养基质有蘑菇渣、谷糠、红泥、粗河沙、蛭石及椰糠。苗床的形状如菜畦一样，宽 1～1.5 米为宜。苗床应该经过熏蒸消毒。

（3）**育苗杯准备** 目前流行几种规格：口径×高度为 9 厘米×10 厘米、12 厘米×10 厘米的 2～3 毫米厚的育苗袋、育苗杯及 10 厘米育苗营养杯，培养基质可用以上材料，还可加入风干晒白的山地底层红泥（一般不带植物组织，没有虫害）等。有时加入 04%～0.6% 的有机肥或生物肥作为基肥。培养基质经充分混合后装入杯。为了减少杯表面泥土板结可在表面撒上一层粗沙，育苗泥土要确保不带香蕉枯萎病菌，切忌用病蕉园土和菜地土壤，鱼塘基种过粉蕉的塘底泥也不能用。

（4）**大棚内外喷杀虫剂** 减少病虫源，周边除草。

（5）苗床种植前淋透水。

3. 假植

（1）**时间** 春植苗 10 月至翌年 2 月上杯，2～4 月份出圃（6～12 片叶龄）；秋植苗 6～7 月份种植，8～9 月份出圃（叶龄 8 片叶）。按夏季 60 天、冬季 100 天出圃进行推算定植时间。有时客户要求苗的叶龄较多，后期炼苗、育苗时间会延长。

（2）**洗苗** 组培苗须用清水洗净方可种植。夏季为了防止病菌侵害，常加入少量高锰酸钾，浓度为万分之一（即见品红色）。苗洗出后要保湿，24 小时内种下地。在洗苗的同时应将苗大小分级，种植时分开。

（3）**种植** 根据苗分级、大小分开种植，以便管理。先打孔或开沟把大苗、壮苗种入营养袋，弱苗种在苗床假植。现在很多苗圃先沙床假植，长出 2～4 片叶时拔出来种到营养杯中，于是苗生长整齐划一，疏苗、炼苗、出苗方便。高位根苗应切掉多余的下部，留上部的根。种植时应把苗的根部种入地内，但也不宜过深，以免死苗或阻碍生长，然后回土压实。苗种得太浅也不行，淋水会被冲出来。

（4）**浇水保湿** 种完后淋足定根水，密封大棚，使棚内相对湿度达到 100%，打开大棚可见水雾，保湿 1 周。淋水检查被冲出来的苗，补种。

4. 假植苗管理

（1）水分　组培苗在假植阶段对水分最为敏感。缺水苗生长缓慢、干枯；渍水会造成烂根、烂头、死苗。一般苗圃育苗成活率低，多为水分管理不善；淋水过多，培养基质不透水，苗床积水造成死苗。

种植后淋足定根水，定植后密封薄膜，7 天内棚内空气湿度应保持在 95% 左右，袋面沙应干湿交替或上干下湿。薄膜打开后应该每天淋 1～2 次水。高温干燥季节应常喷雾降温保湿，有利于促进叶片抽生。空气湿度过低时，即使小苗已 2～3 片叶也会枯死。大苗出圃前应适当止水炼苗 7 天，适应大田相对湿度低的环境。出苗当天淋透水。

（2）温度、光照　香蕉可以承受很高温度，水分充足、空气湿度高，即使气温高达 45℃，一般不会出现叶片受害或停止生长的情况。在高温季节可卷起大棚四周薄膜通风，在棚内外喷雾、喷水降温以利香蕉苗生长。最适合香蕉苗生长的温度是28～30℃，14℃以下生长停滞。致死温度 0℃以下。冬季加温可用电，不能用煤炉、木炭。煤燃烧后的一氧化碳、二氧化硫对香蕉苗及管理人员危害非常大，短时间内会中毒危及生命。一般在寒流来时密封大棚可保住香蕉苗成活，无须加温。

刚刚出厂的试管苗可以盖 1～2 层 50%～70% 的遮阳网。定植沙床的苗应盖 2 层 70% 的遮阳网，10 天后可换 2 层 50% 的遮阳网，30 天后换 1 层 70% 的遮阳网。6 片叶以后 1 层 50% 的遮阳网或全部打开晒苗（蹲苗）。苗炼得好，下地的成活率就高。

（3）施肥　组培香蕉苗前期生长量小，对肥料要求不高，虽然营养袋中培养基质没有加入肥料也足够维持香蕉苗生长。许多苗圃也在基质中拌入生物肥、有机肥。在苗抽生 4 片新叶以后可以每周喷叶面肥，如磷酸二氢钾、绿旺、高钾型叶面肥、尿素、复合肥等，浓度为 0.1%～0.3%。淋水肥浓度为 1%，但应立即淋水冲洗叶面，避免肥伤。

（4）病虫害防治　在种苗前棚内外全面喷杀虫剂、杀菌剂。为了防地下害虫可以在装袋前苗床施少量杀线剂。种苗后应经常检查新叶有无蚜虫及其他害虫，一旦发现立即喷药射杀防治。同时，要经常短时间通风换气，适当降低湿度，减少真菌、细菌等苗期病害发生。配合使用杀菌剂，如瑞毒铜、多菌灵、甲基托布津、灭病威、敌力脱和氧氯化铜等以保证苗木无病。

5. 组培苗变异的种类　香蕉组培苗变异必须在苗圃剔除，特别是粉蕉苗。根据笔者多年观察，变异主要有以下几种类型：

（1）矮化株　植株与矮秆蕉相似，叶厚浓绿，叶片密集成把，遇上不良条件果穗萎缩在把头上，果梳排列十分坚贴，果指明显短小，经济价值低。

（2）乔化株　茎秆比原种高，假茎叶片纤细，叶色黄绿，果穗小，果指短，产量低。

（3）嵌纹叶　叶片狭长，肥厚，较直立生长，边缘常皱折，叶面上散布有嵌纹状透明斑块或灰色不规则斜纹，茎纤细，产量低。

（4）条斑叶　株型与正常植株相近，叶片部分叶脉间缺绿，呈白色或淡黄色条斑。产量也较低。

（5）扇形叶　叶片对称生长，叶柄短粗，叶片短阔，密集成把头，直立向上呈扇状，形似旅人蕉。叶鞘松散，茎秆较矮，产量低。

（6）畸形叶　叶片狭长、肥厚、扭曲，密布条纹白斑，叶鞘松散。易感病毒病，果实产量与质量比正常植株差。

（7）黑色茎　茎秆、叶柄背部有褐黑色斑覆盖，株形正常，果穗斜向上抽生、梳密，果指短小。

（8）黄绿色茎　茎秆黄绿色，似大蕉，叶色淡绿，半矮化株形，生长迟缓，抗病、抗旱性差，产量低，常见畸形果。

（9）长梳距蕉　果轴特长，梳距长，果指短粗，产量与质量低劣。

(10) 微形果 株形矮，茎、叶细小，果穗特小，果指如人小指大，失去经济价值。

6. 防止和克服组培苗变异的措施

(1) 选择性状优良、生长旺盛植株的吸芽。

(2) 培养光照适中。暗培养及强光照都会诱发劣变。

(3) 培养温度适中。12℃以下对生长发育不利，低温会使叶形变窄，但升温后恢复。

(4) 继代培养基的 6 - BA 浓度大于 6 毫克/升会使变异率增高。

(5) 继代培养代数与变异率成正比，因此一般在 12 代以内结束分化繁殖为佳。

(6) 不断剔除变异苗。在假植苗及营养杯阶段，根据上述症状剔除变异苗。种植后还需要继续跟踪观察，并把上述变异症状教授给蕉农，剔除变异株。通过以上措施，可以把变异率限制在 5% 以下。这个标准是《种子法》规定的许可范围。

7. 选苗 购置香蕉组培苗时，首先对生产经营单位作一些了解，是否有生产许可证、经营许可证及检疫证，种源来源情况，售后服务情况及信誉是否良好。

(1) **组培苗** 根系白、粗，有分叉、侧根及根毛，长度超过 3 厘米，假茎粗 4 毫米，组织结实，黄绿色；叶鞘长短有序，有 2 片以上展开叶及新抽叶（称两叶一针），叶色浓绿，宽 1.5 厘米，茎高 3 厘米；培养基表面无菌脓及菌丝污染。

(2) **假植苗** 叶片无变异状、病虫斑，定植后 3 片以上新抽生叶片，检查根系健全，无根结线虫。

(3) **营养杯苗** 叶片无变异状、病虫斑，新出叶 5~7 片，假茎高 8 厘米以上，叶片浓绿不徒长。叶距窄，节短。最好在后期经过几天控水，加强光照炼苗，以增加小苗定植后的适应性。拔出营养杯检查根系无根结线虫。

二、种植

（一）选园建园

1. 选园　温度是香蕉生长的主要限制因子，水分和土壤是其良好生长的保证。因此，选园对商品性生产非常关键。要获得良好的收成应考虑以下几点：

（1）香蕉园选择正常年份无霜冻、甘薯能安全越冬的地区，空气流通，地势开阔，山地要背北向南，背风，坡度小于15°，有防风林（桉树、大蕉或水杉等），交通方便的地点。粉蕉、大蕉类较抗寒，可以适当北移。

（2）排灌条件良好，土壤结构良好，不含有毒物质，pH 5.5～7.5为宜。地下水位低，但必须保证清洁的水源。土壤偏酸容易感染枯萎病。

（3）前作为水稻、莲藕、甘蔗较好，旧（病）蕉园、菜地较差，容易感病，但韭菜地除外。蔬菜园肥沃，种植粉蕉、大蕉类也很好。

（4）如果土壤为沙壤土，必须检查植物有无根结线虫，有根结线虫者不可取，经土壤熏蒸，杀灭地下害虫后种植。

2. 规划建园　园地确立后就要进行蕉园规划建设。

（1）**道路布局**　根据园地的形状、走向，规划出主干道和分支道。主干道要能通过大型车辆。要预留4～5米道路，路两旁香蕉间距7米，高秆蕉园路宽达8米，香蕉才不会阻碍车辆通行。分支道留3米路基，间距5米。道路要经常维护，逐年加固。行的长度一般不要长过100米，以便灌溉喷带安装。分支道间距100米。

（2）**排灌系统安装**　根据水源分布、地形设定取水点、混肥池、主管、分管及喷水带的走向以及排水口等。水源包括河流、山塘、水库及机井。在建园时要先搞好排灌系统，尤其是缺水的地方。打井、建水库蓄水、布水管要耗时 1～2 个月。混肥池有主池和分池两种，主池在主灌溉泵旁，施肥时与水一起混合成肥液。没有肥灌系统的，应在蕉园各管理岗位砌肥池，方便混水肥和沤有机肥。

（3）**房舍建设**　在蕉园中间或入口处建场部。场部包括办公室、会议室、员工宿舍、仓库、工具房等。在分管蕉园的岗位建工棚，也可以在抽水泵、机井旁方便管理和保安。包装棚一般建在蕉园中央的主干道旁，方便果穗运送。有条件的蕉园可以建造运送果穗的索道。索道运蕉可以提高果穗运输效率，减少机械伤，降低劳动强度。

（4）**电力系统安装**　10 公顷以上的蕉园要安装 380 伏高压电，方便排灌、喷药、收获及生活等。

（二）整地

选好园地后，先要清除（或烧掉）前作地表枝秆等残留物、除虫及土壤消毒，以保证园地免疫。接着进行全园深耕犁翻一次。现在用机械化作业有拖拉机耕地和挖掘机勾地两种。拖拉机用旋耕犁或圆盘犁打（切）碎旧蕉头（或其他作物），再犁一次、耙一次，最后开种植沟或排水沟。66.15 千瓦的拖拉机在平地的整地费用约每亩 60～90 元。根据石头和树头的多少而定价。挖掘机是把所有的地都勾一次，清理出石头和树头，同时可以起畦、开排水沟。147 千瓦的挖掘机整地费用约每亩 280～400 元（或 160～210 元/小时）。88.2 千瓦的挖掘机整地费用稍低。挖掘机比拖拉机翻得较深，混合肥料表土比较好，同时可以起畦、开排水沟、修机耕路、起梯田，小挖掘机还可以直接挖植穴，对山地和地下水位高的蕉园比较方便。有时可以先将基肥倒到地里，机械作业时混合。

人工作业则是先锄烂蕉头再用微耕机翻地或牛犁。也有用除草剂注入假茎，枯死后再挖蕉头。

晒白使土壤疏松，利于养分释放。人工或除草剂清除杂草。有条件的可以进行客土改良土壤，沙质土掺黏土、黏质土掺沙，瘦瘠土施足基肥、掺塘泥，挖 40～60 厘米见方的植穴，施足基肥，堆沤腐熟。

水田蕉园的地下水位较高，土壤较肥沃，但土质偏黏，土壤易渍水。整地时要起畦，畦的宽度 1.8～4 米，沟宽 0.8～1 米，深度 0.4 米，逐渐"上泥"，使地下水位降至 1 米以下。前作为香蕉、蔬菜等作物的，最好进行土壤熏蒸，杀灭地下害虫。

旱地、坡地蕉园也要注意挖好排灌沟，低洼地要起畦。小雨保水，大雨排水。采用一行蕉一畦方式，沟深 0.2～0.3 米。干旱地区种植苗应在沟内。畦的走向应沿等高线走，以后灌溉、施肥、作业、采收方便。坡度大于 20 度时应起梯田，梯田应向内倾，利于保水，梯壁生草，防冲刷。排水沟及道路的规划也应注意水土保持，避免表土被冲刷。

（三）种植格式（图 1-1）

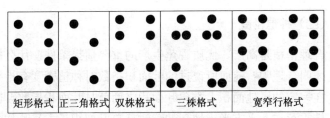

| 矩形格式 | 正三角格式 | 双株格式 | 三株格式 | 宽窄行格式 |

图 1-1　种植格式示意图

1. 矩形种植格式　长方形和正方形种植格式，每亩种植株数如表 1-11。

表 1-11　矩形格式每亩香蕉种植株数

株距（米）	行距（米）				
	1.8	2.0	2.25	2.5	2.7
1.8	206	185	165	148	137
2.0		167	148	133	124

（续）

株距（米）	行距（米）				
	1.8	2.0	2.25	2.5	2.7
2.25			132	119	110
2.5				107	99
2.7					91

2. 正三角形种植格式 此格式其实只是在距形格式中的行间种植点错开，株距与行距与矩形种植格式一样。在另一行的中间种植，有利于利用太阳光线，合理密植。

3. 双株（或三株）种植格式 双株植格式加大了行距，便于机械化耕作及灌溉，利于密植，边行可以适当种、留双株。密株间距0.6～1.0米，宽株间距2.0米，行距2.5～3.5米。此法目前国内蕉园采用不多，但利于阳光充足的鱼塘基、路边采用，便于喷带灌溉和小管出流。

4. 宽窄行种植格式 窄行1.2～2.0米，宽行4.0米，株距1.8～2.5米，便于机械化耕作及喷带灌溉和滴灌。

（四）种植密度

合理密植是高产、优质香蕉生产的重要前提条件，什么样的密度才叫合理呢？前面所说过的叶面积指数对种植密度有指导作用。在一定的土地面积上香蕉叶面积之商就是叶面积指数，比如说一株香蕉占5平方米土地，抽蕾时（总叶面积最大）叶片面积为20平方米，此时叶面积指数为4。光线强、纬度低的地方，香蕉叶面积指数稍高，叶片直立的品种也较高。

由于香蕉的叶片大小同高度成正比，因此一般以植株高度来确定其种植密度。按矩形格式来推算，株高1.5米，每亩可种220株左右；株高1.8米，种190株左右；株高2.0米，种160株；2.2米高种145株，2.5米高种132株，2.8米高种122株，3.2米高种115株，3.6米高种108株，4米高种100株。徐闻的香蕉园密度最高，每亩达 180 株以上。由于巴拿马病、单造种植、市场需要中小果的原因，种植密度有增加的趋势。

然而同一香蕉品种在不同土壤和气候环境条件下植株高度是变化的，条件好，植株就长得高。第二造蕉也要比第一造高得多，组培苗有的品种相差 1 米。所有这些因素都必须考虑在内。第一年可能疏一些，第二年又变得过密了。主栽品种习惯栽培密度见表 1-12。

表 1-12 香蕉主要品种习惯的栽培密度（每亩种植株数）

品 种	广西、珠江三角洲	粤西、海南
广东香蕉 2 号	125～145	140～170
威廉斯	120～140	130～160
巴西蕉	110～130	130～160
广粉 1 号粉蕉	100～110	120～130
粉杂 1 号粉蕉	130～150	130～160
海贡蕉	180～240	200～250

（五）种植时期

1. 春植与夏秋植 香蕉没有物候期，一年四季都可种植。由于我国香蕉产区的气候条件限制，香蕉产区蕉农主要在春季（2 月下旬至 4 月中旬）和夏秋季（5 月下旬至 8 月中旬）种植。春季蕉当年 9 月至翌年春抽蕾，2～6 月份收春夏蕉（反季节蕉）。夏秋植翌年 5～8 月份抽蕾，8～12 月份收获正造蕉。粉蕉在 2～3 月种植，4～6 月收获春蕉，高价。5～6 月种植，8～9 月收获正造蕉，高产，高价。粉杂 1 号在 2～3 月种植，3～5 月收获春蕉，高价。6～7 月种植，8～9 月收获正造蕉，高产，高价。近年来粉蕉价格周年在高位运行，全年均可种植。台风危害大的地区应考虑挂果期避开台风期（6～9 月份）。海贡蕉 3 月种植，10 月收获秋蕉；6～7 月种植，12 月收获冬蕉，高价。

春夏蕉由于无新鲜水果上市竞争，一般价格较高，但在冬季

不太冷的年份，如 1997 年春，收获期过于集中，价格可能跌至
0.6 元/千克。1999 年 12 月份霜冻，2000 年和 2009 年冬天香蕉
收获期太集中，造成烂市，收购价低于 0.4 元/千克，甚至没人
收购，烂在地里。由于市场的需求量基本上是周年恒定的，集中
上市会造成香蕉过剩。大种植户最好采取分批种植，降低风险，
稳定收入。同样，收获期过于集中也不利于工人作业。

2. 冬植　在珠江三角洲或广西南宁地区，春植蕉挂果过冬
有风险，建议采用小苗设施栽培安全越冬，夏季抽蕾，秋冬季收
获的栽培方式。

冬种时期从 10 月下旬到翌年 1 月下旬。定植后加强肥水管
理，寒流到达前密封薄膜保温，到翌年回暖时再打开。薄膜保温
有两种方法：一种是单株保温。用较大、厚的果穗薄膜袋或农用
薄膜袋在种后 11 月底开始套袋，温度高时打开换气，翌年 2 月
打开顶部，3 月下旬除去薄膜袋。此方法在霜冻严重的年份也会
受冻。另一种是采用宽行距密株距种植，整行密封农用薄膜或漫
反射膜，同水稻育秧一样，地面加地膜（也称天地膜）保温，这
种方法保温效果较好，但耗费材料，成本和人工费高。广西有近
百万亩香蕉采用此法。在粤中暖冬年份，套种和露地种植也行。

粤中地区也有套种方式。在前造香蕉挂果后期把香蕉苗种
下，利用旧园的隐蔽使小苗生长，收获后留部分叶子为小苗遮挡
冷害霜冻。（彩图 1-1）

（六）种植

种植前先挖好植穴，40～60 厘米见方，将表土、有机肥、生物
肥、磷肥、石灰以及杀地下害虫的特丁磷、舵手等倒入植穴，充分
混合，10～30 天后可以定植。如果是枯萎病地，还需要进行土壤消
毒，可选用石灰氮（氰氨化钙；商品名：大荣宝丹）每亩 60～80
千克，和秸秆一起犁翻，然后灌水湿透。病害严重的地要用地膜
覆盖，密封 15～20 天，揭膜 2 天后可以种植（樊小林，2006）。

种植时将穴填满表土，黏重土壤要起土堆，以防雨季积水。种植前先将苗木大小分开，有病虫株、变异株应剔除。高温季节种植，应剪去叶片 2/3，减少水分蒸发。根部不直接接触肥料，以免伤根。种植时要压实土壤，充分淋湿定根水，土面覆盖草或地膜保湿。种吸芽苗时，应注意种前挖除吸芽的芽眼、组培苗的小芽，以防太早出芽与母株竞争；浸杀菌剂，防止烂头；吸芽切口方向一致，以后抽蕾方向也较一致，以便留芽及其他管理。种组培苗时，应注意保持营养杯泥土湿润、组培苗根数不多，少伤根系；清除营养杯后定植，深度适中。

在沙质土壤和干旱地区，植穴应低于地平面，在黏壤土和多雨季节，植穴应稍低于地面并挖排水沟，以免雨天淹苗。植穴过高，宿根蕉容易露头。

（七）定植初期的管理要点

1. 手工淋足定根水，保证土壤不过干或过湿，土壤覆盖薄膜、干草。

2. 常检查新植园，死苗、劣变株要及时补种。

3. 组培苗前期易受蚜虫及其他虫害侵食而感病虫害，不宜间种叶菜类、茄科作物；苗高 1.2 米以前每隔 10～20 天喷杀蚜虫剂，防止蚜虫传染束顶病或花叶心腐病；地下害虫也常危害根系和球茎。虫害植株补淋杀虫、杀线虫药剂。

4. 防止动物、禽畜吃幼苗（野猪、家猪、牛、羊、鸡、鹅等都喜欢吃香蕉幼苗）。

5. 苗期常淋 1 000 倍的水肥，并喷叶面肥，促进蕉苗生长。叶面肥种类有植保素、绿旺、钾宝、氨基酸、复合肥、高钾型叶面肥和磷酸二氢钾等。

（八）轮作与间作

1. 轮作作物　香蕉在自然条件下是通过吸芽繁殖后代，只要不死亡，通常可以连续多年生长，连年收获。但一般收获三造后，由于球茎上浮产生露头现象，产量会降低，植株生长不一致，管理不方便，因此需要重新种植。香蕉不宜连作，其原因是：①连作会导致病虫害严重发生；②土壤理化结构恶化，施肥效果降低；③某些微量元素严重缺乏，使品质和产量下降；④有毒物质在土壤中累积；⑤伴生性和寄生性杂草滋生。因此，香蕉园应实行轮作。

轮作最好采用水旱轮作，如种水稻、莲藕等作物可以提高地力，减少病虫源，如果无法轮作水培作物，可种玉米、韭菜、甘蔗、果蔗、番木瓜、南瓜和花生等。不要采用前作为香蕉花叶病的寄主作物。

轮作时土壤最好重新深翻、整地、换位起畦、挖沟，调节土壤理化特性。

2. 间作　这里所说的间作还包括混作、套作。其目的是充分利用有限的土地、阳光生产更多作物，增加收入。这些作物当然不能是与香蕉有相同病虫害的作物（如蔬菜类），尤其是花叶心腐病寄主作物，可以是短期作物如花生等豆科植物、水稻、牧草、玉米，耐阴的生姜。香蕉与粉蕉、大蕉可混种。在间种和混种时不能种得过密，以减少病害。部分海南和雷州半岛蕉园是以短养长，在木本果树荔枝、龙眼、槟榔里间种香蕉，效果不错。

3. 生态农业模式

（1）**鱼塘基香蕉**　鱼塘基种植香蕉、粉蕉、大蕉，同时在香蕉长到1.5米高时可以放养家禽（鸡、鹅、鸭）。家禽可以在香蕉园和鱼塘活动，粪便作鱼饲料、有机肥，塘泥可做基肥。香蕉茎、叶也可做动物饲料。

（2）**莲藕基香蕉**　莲藕与养鱼轮作，塘基种植香蕉、粉蕉、大蕉，减少土壤病害发生。

（3）**稻蕉套种**　地下水位高的地区，起高畦，沟里种早稻，在收获后，香蕉封行，不影响香蕉生长。

（4）蕉鱼模式 地下水位高的地区，起高畦，沟里养鱼。

（5）蕉园蘑菇 利用蕉园荫蔽作用种植蘑菇等食用菌，食用菌的基质可以改良土壤。

三、园地管理

（一）施肥

1. 香蕉正常生长发育需要的养分 香蕉是速生、高产草本植物，生长量很大，无论多么肥沃的土壤，没有适当的施肥想获得高产都是不容易的。据多年研究，钾、氮、磷、钙、镁、硫、氯是香蕉生长发育最关键的矿质营养元素，锰、铁、锌、硼、铜、钼为微量元素（表1-13）。

表1-13 香蕉园每年吸收的营养元素平均量*

营养元素	50吨鲜果取走的数量（千克）	留在植株上的数量（千克）	总量（千克）	鲜果取走的比例（%）
氮	189	199	388	49
磷	29	23	52	56
钾	778	660	1 438	54
钙	101	126	227	45
镁	49	76	125	39
硫	23	50	73	32
氯	75	450	525	14
钠	1.6	9	10.6	15
锰	0.5	12	12.5	4
铁	0.9	5	5.9	15
锌	0.5	4.2	4.7	12
硼	0.7	0.57	1.27	55
铜	0.2	0.17	0.37	54
铝	0.2	2.0	2.2	9
钼		0.001 3		

* 种植密度为2 000株/公顷，平均株产25千克。

2. 无机养分在植株体内的分布 香蕉无机养分的分布，依器官、个体发育等不同而异。在花芽分化前，叶片所含的磷、氮、硫、锰较高，而假茎中钾、钙、氯、铝的含量高。镁、锌、硼集中在球茎部位，钠、铜、铁在根系较多。球茎和假茎所含的养分比叶片和根系多，随着植株长大、器官的发育，无机元素的分布会发生变化。

花芽分化后，许多无机元素流向果穗，如钾、氮、磷、镁、硫、锌、硼等在果穗中含量最高，假茎中铜、铁、铝的含量高，叶片中钙、镁含量高。因此，在花芽分化后，需要吸收大量各种元素的肥料来满足其生长发育的需要。

3. 主要营养元素的作用

（1）钾 从表1-13可见，香蕉植株含钾量居各元素之首，所以香蕉也称喜钾作物。钾在香蕉生长发育过程中起非常重要的作用：①作为许多酶的活化剂，促进许多代谢反应；②促进光合作用；③促进糖代谢及果实发育；④促进对氮的吸收及蛋白质、核蛋白合成；⑤增强细胞生物膜的持水能力，维持稳定渗透性，从而提高抗旱、冻、盐害及外界不良环境的抗逆性；⑥增强抗病力；⑦增加果皮厚度，提高果实品质及耐贮性。钾肥充足时，表现球茎粗大，叶片较厚且较直立，寿命长，抗风力较强。

（2）氮 氮是组成生物体的基础元素，对香蕉生长发育起极其重要的作用。通过沙培试验研究发现氮素对植株的影响比其他元素显著，缺氮时叶片抽生速度减慢50%，而其他元素只有轻微影响。氮在植株体内主要作用是构成蛋白质、核酸、脱氧核糖核酸、许多酶、叶绿素、各种维生素。氮素在植物体内不能贮存，当氮肥充足时，会刺激香蕉快速生长，从外部观察可见此时植株叶色浓绿，叶片大、厚，茎色深，叶片抽生快，抽蕾快。

（3）磷 磷在香蕉体内主要构成核酸、核蛋白、生物膜的磷脂、三磷酸腺苷，促进根系生长和光合作用、氮代谢，增强对外界的适应性和抗性。磷是可移动的元素，在植株体内可以再利

用，多数蕉园不缺磷。

（4）钙　钙在香蕉体内主要是构成细胞壁，对蛋白质合成某些酶促反应等有一定辅助作用。钙在植物体内是不移动的，最初的症状出现在幼叶，其侧脉变粗，10天后叶缘脉间尤其是接近叶尖的叶缘开始失绿。叶片衰老时，失绿会向中脉扩展，呈锯齿状叶斑。有时在春夏季蕉园大量施钾引起快速生长，生长点分化出只有中脉，侧脉上的叶片无发育的"穗状叶"。蕉农称为"烂叶病"、"扯烂旗"。在施回暖肥时加入钙肥可以缓解这种现象。缺钙的果实品质差，成熟时果皮易开裂。

（5）镁　镁的作用是构成叶绿素、作为酶的活化剂参与促进新陈代谢及氮代谢。镁是活动元素，在田间观察到缺镁的症状，常见到老叶边缘保持绿色，而边缘及中脉之间失绿，叶片出现斑点，叶鞘边缘坏死，叶鞘散把。

4. 影响植株吸收养分的因素　香蕉对营养元素的吸收与品种、生长期、季节及土壤理化特性有关。

（1）品种　高秆品种需肥量多于矮秆品种，含B基因（大蕉）品种需钾量多于纯A基因的品种，含B基因的品种根系发达，根系吸收能力较强。

（2）生育期　大多数营养元素的吸收是在抽蕾前，尤其是花芽分化期间，抽蕾后大大减少。如香芽蕉抽蕾前对氮的吸收占90%，对钾的吸收占87%，对磷的吸收占80%，但含B染色体的品种对钾的吸收在抽蕾后仍较大。果穗生长对营养元素的需要主要来源于树体内元素的重新分配。

（3）季节　高温多湿的季节，根系吸收能力加强。低温、干旱季节，根系的吸收作用减弱。

（4）土壤营养元素的浓度　一般根际周围养分浓度高，有利于根对养分的吸收。但某种元素过高也有可能对根系造成毒害。土壤中的固相、液相和气相三相配比合理有利于根系生长及营养元素溶解和被吸收。

5. 香蕉缺素的症状 经多年观察，肥水充足时香蕉外部有以下特征：假茎基部粗大，多黑褐斑，少青绿色，基部老叶稍散把。成株、苗期的把头有红晕，成株有黑褐斑至叶柄基部，叶柄较粗、宽。苗期叶片（5～15 片叶龄）褐斑多，叶背中脉及边缘有红晕，叶片厚，浓绿。

当植物营养缺乏或不平衡，一般均会在叶片中出现症状。各元素的缺素症状见表 1-14。

表 1-14　香蕉叶片缺素症状综述

叶　龄	叶片的症状	其他症状	所缺元素
老叶和幼叶	均匀一致的暗淡发白	粉红色叶柄中脉弯曲（下垂枯萎）	氮
幼　叶	整片叶黄白色	—	铜
		侧脉增粗	硫
	横穿叶脉的条斑	叶片畸形（不完全）	硼
	沿着叶脉出现条纹边缘	最幼叶背面带红色	锌
	失绿	叶脉增粗，从边缘向内逐渐坏死	钙
老　叶	边缘锯齿状失绿	叶柄折断，幼叶带青铜色	磷
	叶片中部失绿，中脉及边缘仍旧保持绿色	失绿界限不明显，假茎散把	镁
	叶片暗黄绿色	叶片弯曲，很快失水	锰
	橙黄色失绿		钾

（1）**缺氮** 香蕉缺氮，叶片淡绿色或黄绿色，小且薄，叶鞘、叶柄、中脉带红色，叶片抽生慢，叶距短，俗称"缩把头"。

（2）**缺钾** 香蕉缺钾时表现为叶片易折断，果实早黄。最普遍的是老叶出现橙黄色失绿，接着很快枯死，叶中脉弯曲，叶片向叶基反卷曲，自叶片尖端约 2/3 处折断，而非在叶柄处折断。

（3）**缺磷** 田间较少出现缺磷症状。缺磷新叶抽生缓慢，初

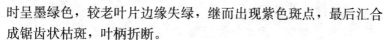

时呈墨绿色，较老叶片边缘失绿，继而出现紫色斑点，最后汇合成锯齿状枯斑，叶柄折断。

（4）缺钙　最初出现症状的是幼叶，其侧脉变粗，尤其靠近叶肋的侧脉。接着靠近叶尖的叶缘间失绿，当这些叶斑开始衰老时，向中脉发展，呈锯齿状叶斑枯黄。田间缺钙，还表现抽生亲叶仅有中脉而叶片缺刻或几乎无叶片的穗状叶。

（5）缺镁　香蕉缺镁，叶缘向中脉渐渐变黄，叶序改变，叶柄出现褐色斑点，叶鞘边缘坏死、散把。田间常见的症状是老叶边缘保持绿色，边缘与中脉间失绿。

（6）缺硫　香蕉缺硫初见于幼叶，叶片黄化，接着在叶缘出现块斑坏疽，侧脉加厚，类似缺硼和缺钙。

（7）缺铁　幼叶叶片叶脉间褪绿。

（8）缺锰　幼龄叶边缘的叶脉之间褪绿。

（9）缺锌　叶片变窄，生长滞顿。

（10）缺铜　叶片下垂呈伞状。

6. 香蕉常用的肥料　香蕉通常施用的肥料有速效性的化肥和迟效性的有机肥。化肥包括尿素、硝酸铵、碳酸铵、硫酸铵、硫酸钾、硫酸镁、氯化钾、硝酸钙、过磷酸钙、钙镁磷肥、复合肥、专用肥、钾宝、叶面肥（磷酸二氢钾、绿旺、高钾型叶面肥、氨基酸叶面肥、植宝素等）。有机肥包括人畜粪尿、厩肥、垃圾肥、草木灰、麸肥、堆沤肥、磨菇堆料、河涌的淤泥、绿肥等。最近在生产上推广应用的环保生物肥料、EM 菌、酵素菌也属于有机肥。

施用化肥的效果较明显，产量较高，常用作追肥。化肥施用量少，见效快，也较方便，故商业性蕉园主要以施化肥为主。但长期大量施用化肥也会造成土壤板结及排水渠营养过剩，造成下游河流污染，土壤物理结构被破坏，果实品质下降。人们常说现在的香蕉不如过去的好吃就是因为化肥用得多，有机肥少。所以国外早已提倡以施迟效性有机肥为主的施肥方式，称"有机农业"或"环保农业"。

7. 施肥时期 香蕉是常绿果树,只要温度适合一年都可以生长、发育,因此周年都需要养分供应生长。但是,香蕉在不同发育时期所需肥料的数量及种类是不同的。我国香蕉产区大部分处于亚热带地区,冬季有相对生长停滞的休眠期,施肥作业也要根据气候及生长情况进行。根据多年实践,总结出以下香蕉施肥时期和方法。

(1) 基肥 基肥的作用是改良土壤理化结构、酸碱度,为香蕉高产打下良好基础。每株施猪牛粪或厩肥 5 千克、石灰 0.3 千克、过磷酸钙 0.3 千克、腐熟土杂肥 10 千克,与晒白的表土充分混合,待 10 天左右再种苗。也有简单地施 1~2 千克生物有机肥、0.3 千克复合肥,混土后回土覆盖,然后再种苗。苗的根系不宜直接接触肥料。现在不少化肥厂专门研制有机质含量高的基肥也可试用,如"奇的牌"香蕉专用基肥,每株植穴 0.5 千克。许多加入芽孢秆菌的生物有机肥也是很好的基肥,每株植穴 0.5~1 千克,使苗期生长旺盛。

(2) 花芽分化肥 在抽蕾前 40 天左右天施入。吸芽苗叶龄为 20 片大叶左右,组培苗叶龄为 28 片左右,假茎高度为 1.5~2.0 米,每株施复合肥或专用肥 0.4 千克、钾肥 0.2 千克、花生麸 0.5 千克。肥料可分两次施,用于促进花芽分化,增加雌花的梳数和个数。

(3) 抽蕾肥 在抽蕾前后施入。每株施复合肥或专用肥 0.3 千克、钾肥 0.2 千克、花生麸 0.5 千克或生物肥 0.4~1 千克。

(4) 过寒肥 在 10 月底施肥,每株施猪牛粪肥或厩肥 5 千克、花生麸 0.5 千克、钾肥 0.2 千克、磷肥 0.1 千克、石灰 0.2 千克,用于增加植株抗寒性。

(5) 回暖肥 时间为 3 月中旬,每株施尿素 0.2 千克、复合肥 0.2 千克,目的是促进植株尽快恢复生长。

(6) 生长期追肥 苗期(10~15 片叶龄)每 10~15 天施一

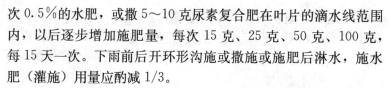

次 0.5％的水肥，或撒 5～10 克尿素复合肥在叶片的滴水线范围内，以后逐步增加施肥量，每次 15 克、25 克、50 克、100 克，每 15 天一次。下雨前后开环形沟施或撒施或施肥后淋水，施水肥（灌施）用量应酌减 1/3。

8. 施肥量 香蕉的施肥量与土壤肥力、气候特点、肥料性质、施肥方法、品种、生育期、种植密度有密切关系。土壤肥沃，少施或不施也可获得好收成，如海南岛部分山区的蕉园，不施肥也有 30 千克的单株产量。降雨量大、高秆、高产品种，种植密度大，施肥量应多一些。喷施根外追肥比较省肥，撒施比穴施和淋施消耗肥多。国外流行的肥灌是较省肥的施肥方法，把肥料溶解在灌溉水中，少量多次，吸收快，效率高，目前国内的部分蕉园也开始采用。

我国香蕉的施肥量普遍比国外的要高得多，或许是施肥方法及雨量较多的原因。高产蕉园每年每公顷施用量：氮肥 900～1 200 千克，磷肥 270～360 千克，钾肥 1200～1500 千克，比例大约为 1：0.3：1.5。土壤偏酸性的旱地、山地，每年每公顷可施熟石灰 2 000 千克。内陆坡地蕉园每年每公顷可施镁肥 100～150 千克。目前，许多香蕉专用复合肥全生育期的施用量大约是 1.5～4 千克/株、有机肥（粪肥）3～10 千克、麸肥（花生麸、豆麸、菜籽麸）0.8～1.5 千克/株、生物肥 1～2 千克/株。肥料的投入约 4～8 元/株。实际作业时根据种植密度、植株大小等来调节施肥量。使肥料的利用效率达到最高。种植密度高可以少施，植株小多施，促进其加快生长，调节整齐度。

根据广东省农业科学院土壤肥料研究所徐培智研究结果，高产蕉园的施肥量：氮肥每亩 70 千克，折合尿素 1 140 克/株；磷肥（五氧化二磷）每亩 8～14 千克，折合过磷酸钙 460～810 克/株；氧化钾每亩 90 千克，折合氯化钾 1 130 克/株。

华南农业大学资源环境学院樊小林研究，海南每亩 4 吨的香蕉园（168 株）的施肥量：苗期比例为 20：12：13 或 20：10：

10 的复合肥，施 0.95～1.0 千克/株；营养体—生殖体阶段比例为 14：11：20 或 16：5：19 的复合肥，施 1.75 千克/株；果实发育成熟阶段比例为 11：9：25 或 10：6：24 的复合肥，施 1.35～1.80 千克/株。

生产上蕉农施肥集中在基肥、花芽分化—幼果阶段（4 个月内），大约占总量的 75%～85%，其余的只占总量的 5%～25%。

9. 施肥方法

（1）淋施　把化肥或沤过的麸肥、粪水或 EM 菌肥、酵素菌生物肥用水开稀淋于植穴周围。

（2）穴施　在假茎周围地面打孔、挖穴或环形沟，把肥料（包括化肥、复合肥、有机肥）施在穴内再回土，让肥料缓慢释放。

（3）撒施　把各种肥料施于树冠内地面上，施肥时间最好在雨后，化肥可自然溶解，否则需淋水。冬季施过寒肥及有机肥则无需淋水。

（4）喷施　用喷雾器根外追肥，施叶面肥。

（5）灌施肥　通过灌溉系统施肥，是在干旱地区使用的最佳节水节肥的栽培措施，此法施肥的次数需增加。但施肥量减少，肥料利用率提高。香蕉生长速度提高。

10. 影响肥料利用率的因素　肥料施入土壤后，一部分被香蕉根系吸收，一部分被土壤固定成为土壤复合物的一部分（主要是磷），还有一部分被淋溶、冲刷、挥发损失。

（1）土壤的理化特性　沙壤土保肥性差，容易被冲刷，应少量多次。黏壤土应扩大施肥的范围，保证根系吸收。

（2）气候　气温和雨水适宜，有利于肥料分解、移动和根的生长、吸收。雨水太多，养分的流失严重。干旱也不利于肥料溶解、扩散及根的吸收，甚至造成伤根。温度低于 20℃ 时，根系吸收能力减弱，应薄施、水施、叶面施。

（3）品种及生育期　粉蕉、大蕉及高秆香蕉吸肥力较强。生

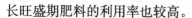

长旺盛期肥料的利用率也较高。

（4）**肥料种类**　氮肥易流失、挥发，应分多次作追肥，钾肥也可作追肥。磷肥及有机肥、农家肥可作基肥，新研制出的控释肥属缓效肥，也可作基肥。所以，化学氮肥的利用率一般为25％～50％，磷肥易被土壤的铁、铝离子固定，一般利用率为20％～30％，钾肥利用率为50％。

（5）**施肥方法**　包括施肥时期、数量、方式、位置等。勤施、薄施、生长旺盛期多施及根外追肥，有利于提高肥料利用率。施肥位置应在吸收根系最多的地方。成株时根系已经布满全园，因此全园撒施较好或者灌肥。穴施容易伤根。

（6）**灌溉方法**　肥灌的利用率较高，可达90％，其他方法较低。中滴灌和小管出流利用率较高，因为肥料可以渗透到地底被下部根系吸收，地面的杂草吸收少。形成地表径流的灌溉方法利用率低。

11. 施肥原则　香蕉是速生大型作物，需肥量大，在管理过程中应注意以下几个原则：①保证施足基肥及几次重要的肥；②有机肥与化肥相结合；③前促、中攻、后补；④勤施、薄施。

12. 培土和上泥　香蕉球茎有向上生长的习性，露出地面部分的球茎，根系会停止生长，植株长势弱，抗风性也差，尤其是组培苗种植的植株更易露头。宿根栽培留的吸芽浅生，易露头，挂果后容易整株翻倒，故必须定期培土。培土通常结合施肥和加深沟（刨坑）。雨季植穴施肥后用土覆盖肥料，中后期培土可取畦沟的积土放于蕉头处，露头严重的，要加宽畦沟，以便让更多的泥土堆向畦面。

香蕉长期连作会严重消耗土壤的地力，可客土。在珠江三角洲蕉区，秋冬季或干旱季节结合灌溉，用上泥船抽取河涌、鱼塘的淤泥灌向蕉园畦面。由于涌泥、塘泥养分丰富，可防止露头，对香蕉生长很有利。上泥前配合施肥，效果更好。但上泥必须选干旱天气，雨天上泥会使根系缺氧腐烂。

（二）灌溉与排水

1. 需水量 香蕉是含水量很高的作物，收获时植株鲜重 100 千克中 90％是水分，每同化出 1 千克的干物质需要消耗 600 升水。香蕉缺水时叶片会缺绿变薄，果指变短，假茎较强，生长延缓，收获推迟 20 天以上，以致减产。香蕉园地下水位过高受渍也会使香蕉根系缺氧致死。

我国香蕉产区的年降雨量多数高于 1 500 毫米，但是降雨极不均匀，夏季常雨量过多，秋冬季挂果时期则多干旱，对香蕉生长极为不利。在夏季的高温季节，蒸发量和蒸腾量都很大，必须保证足够的水来满足生长发育的需求，地下水位较低或山坡地的香蕉园一周内无雨就需要灌溉，否则就会影响生长。海南西南部和雷州半岛的降雨量则只有 1 000 毫米左右，没有很好的灌溉系统根本不可能有收获。一般来说，一株香蕉整个生育期需要 5 吨水，除了降雨以外灌溉必不可少。因此，要获得高产就要有良好的灌溉作保障。

2. 水源 一般来说，香蕉对水质没有特别的要求，河溪、水库、山塘、水利、井水都可以，但是，严重化学污染、过酸、过碱、被污染的四类水质都不适宜香蕉生长。当河流或水利上游的蕉园发生 4 号枯萎病更是不能用。一旦采用，感病植株将以几何级数爆发，今年几株，明年上百株，甚至上千株。

水源的流量或库存量要满足香蕉园的需要，抽水机抽不干才行，所以沟渠要有抽水的贮水池，水塘或拦水坝或滚水坝。在干旱的坡地，井是稳定的水源，但打井的费用较高，机钻的深井在地属玄武岩的雷州半岛的徐闻县有很多，17 厘米口径 80 米深的机井约 3 000 元，出水量约 8～15 吨/小时，大约可灌 2～4 公顷。27～32 厘米口径 200～300 米深的机井约 6 万～8 万元，出水量约 25～50 吨/小时，大约可以灌 10～15 公顷。而花岗岩地区的大井费用更贵，按出水量计算将增加 50％以上。花岗岩的水层不大保证。有时钻到 50 米深可达地下河,水源取之不竭;有时钻过百米都没什么裂石缝,水量只有几吨/小时。

取水口一般要根据灌溉方式要求对水质进行过滤,以维护灌溉系统的使用寿命。淹灌、浇灌不需要过滤;冠顶喷灌、冠下喷灌、低压喷灌、小管出流需要 60 目的过滤装置。简单的方法就是用一个较大塑料篮打个洞,安进抽水机取水的阀篮头,外面包裹二层 60 目的防虫网。有时可以先包裹一层黑网粗滤,再精滤。清洗时一般只清洁外层滤网,有时也可以通过小管反冲或开管带尾洗掉泥沙;滴灌对过滤要求较高,需要 100~120 目的过滤装置。需安装专用的筛网式过滤器、叠片式过滤器、沙石过滤器或大管打孔包裹滤网的过滤装置。

3. 灌溉　香蕉的灌溉方法有淹灌、浇灌、冠顶喷灌、冠下喷灌、低压喷灌、小管出流及滴灌。

淹灌:是利用涨潮、水利排水或抽水,自流引水入园内的畦沟,稍浸透畦面土壤后把水排干,也叫放跑马水。这种方法较简单,肥料也易流失,污染下游水源。这种方法水头的香蕉植株被冲刷严重,后面的水又不够,且耗水量较大,不均匀,费工,受外界条件约束,很难满足生产需要,已经被淘汰。

浇灌:是用人力供水的灌溉方法,一般只在幼苗期使用,通常可结合施水肥。在珠江三角洲一般畦沟里有水,浇灌相对方便。这种方法耗费人力太多,无法在大面积蕉园应用。

冠下喷灌:是利用低位喷头喷水,这种方法较节约水,也可结合在水中加入香蕉生长所需的肥料。珠江三角洲有农民把小型喷水机装在小船上,利用喷水的反冲力来推动小船在畦沟中前进,形成自动自行喷水装置。有时用小型喷灌机直接喷水,有时用半人工淋水。接大管到田头、行间,灌溉时人工拉软胶管对每株淋水。这种方式在需水量少、淋水间隔期长的果树用得较多,一般地区的香蕉园不适合。

冠顶喷灌:是用人工降雨机或高头喷洒龙头喷水。该方法既可以灌溉又可以增加蕉园空气湿度，降低气温，促进香蕉生长。以色列的蕉农用此方法防止霜冻。其缺点是较容易传播叶斑病、黑星病等真菌性病害，水压要求高，容易损坏设备，很少蕉园采用。

低压喷带灌溉系统：是 2002 年以来推广比较成功的灌溉新技术，由水源、水泵、输水管、软塑料管喷带组成。软塑料管喷带一边刺小孔，低压水流通过时从小孔喷出，约 60 厘米高，由于小孔喷射的方向不同，使地面灌溉比较均匀。每行或每 2 行香蕉一条喷带，长度 20～60 米。其优点：投资少，亩成本大约200～400 元；水量比较均匀；水源要求不高，河水、井水、鱼塘水均可；不怕堵塞；水压低（0.3～0.6 千克/厘米），耐用（3～5 年），维修容易；容易控制喷水量，不会造成灌水过多或过少；节省人工，增产、增效；在喷灌的同时可以通过施肥池、施肥泵一起施肥。深受广大蕉农欢迎。每次 10～20 分钟可以完成 1 公顷的灌溉、施肥作业，节省化肥 30%。通过灌溉系统的使用，可使土壤保持经常湿润，有利于促进根系发达，加快植株生长，同时减轻劳动强度，增加经济效益。但是受到地形的限制，有坡度的田地用水量常不均匀，水压要求高，喷带也需要维护。作业时根据植株的大小调节水压，小苗时喷植株周围 30～50 厘米即可，10～20 分钟/次，但到大株期要全园喷湿润，一般30～60 分钟/次，旱季 3～5 天喷一次。每次作业要注意喷带有无堵塞，水是否到位，要"冒雨"调节水带。如果地形变化大，调节水的工作很频繁，喷水过多容易形成径流，地表可能板结。低压喷带使空气湿度提高，叶斑病、黑星病可能更加严重，水分蒸发量大。而且，如果地形变化或喷带太长，会造成压力不均匀，需要在喷水时调节，犹如冒雨调节水带，冬天非常辛苦，可能会感冒生病。铺设喷带时应根据地形的等高线走向铺，实在没办法时应该调节喷带喷水孔的水量。如地势行头高行尾低，就应该行头扎多几个孔或加大喷水孔，中部用绳子扎小点，让喷带尾部少出水；或用小草枝塞住部分尾部的小孔，让出水孔数量减少，从而达到头尾出水量均匀。如地势行头低行尾高，则前面用小草枝塞住部分小孔，或用旧喷带剪开包扎住部分出水口，减少出水量，尾部多扎几个孔。开始使用时一定要开喷带开关后每行头尾走一次检查出水情况，做好上述工作以后就不用每次调节水量，可到带尾打开封口淋水。一旦水带被扎破时也可用树枝堵孔，用旧喷带剪开绑扎。

为了减少苗期喷水浪费，建议一条喷带管单行香蕉，苗期开小水，减少杂草丛生。后期开中水，减少空气湿度，减轻病害发生程度。（彩图1-2）

小管出流（涌泉灌溉）：是通过安插在分支管（无孔薄管水带）的小管流出小股水流，以涌泉的方式湿润蕉头附近土壤的灌溉形式。小管出流的灌水目的非常强，只灌香蕉，苗期非常省水，中期到后期用水量比滴灌用水量大，但比微喷用水量少。流量一般超过土壤的渗透速度，需要在蕉头四周挖一个1米直径的渗水浅坑（洼地、环行水沟），防止水分流失或冲刷。小管的孔径1.6～4毫米，压力一般0.3～0.5千克/厘米，对管道的损耗小，流量80～250升/小时。根据渗水浅坑（洼地、环行水沟）的大小和下渗透速度来确定需流量。小管出流可根据涌泉小管的大小、长短适应地形、远近的变化调节出水量，保证每行香蕉的出水均匀。边行可用大管、双管或短管保证出水较多。如果植株收获或死亡，小管可以移到相邻的香蕉，也可以扎死断水，节约用水。小管出流对多种施肥方法都适合，撒施、穴施、灌溉施都有效，化肥及有机肥都行，只要肥在浅坑（洼地）内，流水就会使它溶解，不会被冲刷浪费。投资少，亩成本约200～400元（小管0.1元/米），水量可以调节到很均匀；对水源要求也不高，河水、井水、鱼塘水均可。万一堵塞还可以拔出来清理、反冲或更换。操作时每3～5天灌一次，每次5～30分钟。在田间管理作业时土地干爽，不会被水淋湿，行间的杂草也较少。（彩图1-

3)

滴灌：是利用滴灌系统的管道小孔给作物滴水灌溉。滴灌的宗旨是给作物灌水而不是给土壤灌水，是干旱地区节水栽培的良好灌溉措施。但以我国香蕉种植园而言，此方法成本稍高，每亩约800元以上，如果计算节约水源、电费的投资，效益还是很明显。根据华南农业大学资源环境学院张承林在徐闻县做的香蕉灌溉试验：滴灌全生育期每株用水1吨，小管出流用水3.4吨，喷带用水4.2吨，三种方法的产量基本一致。滴灌和小管出流表现叶斑病、黑星病少，除草省工。在田间管理作业时土地干爽，不会被水淋湿，行间的杂草也较少。滴灌必须注意水源过滤问题，一旦过滤不好，滴灌带、滴灌管会堵塞，滴灌带、滴灌管报废。经常检查滴带有无堵塞，用针扎孔调节出水量，使行头行尾流量均匀，以免影响植株生长。滴灌操作时每3～5天滴灌一次，每次1～4小时，流量为1.5～12升/小时。（彩图1-4）

如果灌溉的水量无法满足香蕉生长的要求，可采用覆盖地膜、稻草、干蔗叶、香蕉秸秆等，减少土壤水分蒸发，密植和浅沟种植也可以缓解干旱的危害。更重要的是应在雨季定植，雨季挂果，避旱栽培。

4. 灌溉施肥 灌溉施肥是通过灌溉系统将水和肥料溶液混合施到作物的根区或喷洒到叶片上。其优点是：肥料利用率提高达90%；节省施肥劳动力；灵活、方便准确地控制施肥的数量和时间；养分吸收快；利于施微量元素；改善土壤环境状况；在沙壤土、沙地可正常生长；丰产、稳产、提高抵御风险的能力；有利于减少肥料浪费污染，保护环境；节水50%，节肥50%，发挥水肥最大效益；有利于标准化栽培。缺点：投资大（亩约300～1 000元）；管理不善会堵塞；有可能造成根际效应，植株矮小；有可能污染水源（张承林，2006）。灌溉施肥简单的方法有泵前吸肥法、加压泵施肥法等。

（1）泵前吸肥法 在水源附近建肥池，通过水泵前的吸水管加三通，把肥料管接入三通。在水泵开动时，打开肥料管开关将肥料溶液和水混合进入灌溉系统。并根据肥池的刻度计算施肥量，达到定量施肥的目的。（彩图1-5）

（2）管道加水泵加压施肥法　在灌溉的管道上接个三通，接入水泵，把肥池的肥料加压灌入灌溉管道中，根据池的刻度计算施肥量。

（3）水头吸肥法　把肥料池的出肥管引到抽水机进水口的法兰头边上，先开机抽水再开肥料开关，让肥料水吸入抽水管道中实施肥灌。这种方法可以在吸水管不方便安装三通时用，如吸水管是软管、深井水泵直接吸水等。缺点是有部分肥料进入水源造成水污染，肥料可能对水生动物有害。特别是同时作为饮用水源的深井，对人有潜在危险。

（4）水源混肥法　　直接在水源的水池、水塘混肥，抽水喷灌。这个水池、水塘只作为灌溉用途，不作人、畜用水。

肥灌的肥料种类包括：氮肥：尿素；磷肥：磷酸二铵、磷酸二氢钾；钾肥：硝酸钾、氯化钾（白色，红色的容易堵塞滴灌管口）、硫酸钾（容易堵塞滴灌管口）；钙肥：硝酸钙、氰氨化钙；镁肥：硫酸镁；硫肥：上述肥料已有硫酸根离子；微量元素肥料：硼酸、EDTA-Zn、EDTA-Fe、EDTA-Mn、钼酸铵、专用微肥、冲施肥等。水溶性复合肥、有机肥的过滤上清液，也可以一起肥灌。凡是水溶性的肥料都可以水施，但是部分过酸和碱性的肥料一起会起反应沉淀。如硝酸钙与硫酸根、磷酸根会反应成硫酸钙、磷酸钙沉淀。

注意事项：太多的肥料混合可能会起反应沉淀，少用容易堵塞灌溉系统的肥料，一旦使用，用完要用清水清洗；出肥口管道须先过滤掉肥料中的杂质，并定期护理过滤装置；搅拌肥池使之充分溶解均匀；灌溉水量保证均等，施肥量均等；不要在大雨前后施肥以免流失。

5. 排水　当台风、雨季来临时，土壤经常处于积水状态，土壤中缺乏空气，根系无法进行呼吸，会发生死根而导致整株变黄而死。在珠江三角洲围海田的蕉园，台风来时如遇大潮，极容易冲塌大堤，导致全园淹死。浸水 3 天的蕉园会因根部缺氧腐烂而植株死亡。

水田香蕉园地下水位过高，会影响植根系向下生长。俗话说"根深才能叶茂"。要降低地下水位就要每年不断加深畦沟的深度和宽度，加高畦面。涨潮、下暴雨时要备有排水用抽水机日夜排水，防止涝害发生。有时台风会造成停电，所以还要备用柴油机抽水。大蕉及粉蕉耐涝性较强，抽蕾前后的香蕉耐涝性较弱，偏施氮肥的蕉园较不耐浸。

6. 涝害补救 香蕉植株发生涝害后，根系受伤害，部分腐烂，吸收能力减弱或丧失，植株出现缺水现象，高温季节更为严重。因此，首先要减低植株的失水量，刈短部分叶片、新叶及老叶。有条件的可进行叶片喷水、土壤覆盖，保持土壤湿润，加快新根生长。

根茎在涝害后容易受病菌危害，可用托布津、多菌灵、王铜（氧氯化铜）、乌金绿、石灰等淋洒蕉头周围土壤，喷树干和把头。涝害严重的成年植株，尤其是抽蕾后叶片黄化失去生产能力，可以砍掉，促使吸芽生长。对受严重涝害的蕉园应重植或轮作。

（三）除草、松土和挖旧头

1. 除草 香蕉的根系着生较浅，丛生的杂草会与其争肥，表现为叶色变淡，叶片抽生速度慢，还带来许多病虫害。到植株花芽分化后，叶片封行可以抑制杂草的生长，所以幼株期要经常除草。

目前香蕉产区的园地管理多用清耕法。先用草甘膦杀死园地的杂草，再犁松土，整好地，喷丁草胺或拉索等抑制杂草萌发。蕉苗定植后根区人工除草（拔草），根区外可用除草剂除草。针对禾本科杂草可用精禾草克。除草剂种类有 2，4 - D、草甘膦和克芜踪等，前 2 种属内吸性，对香蕉的毒害大，喷洒时应用木板等物件把香蕉隔开，以免受害。化学除草省钱、省力，且较彻底，但是除草剂也可杀死土壤微生物，破坏土壤物理结构，可能产生药害，不宜长期、过量使用，也不符合绿色食品香蕉栽培的规程。许多高档的蕉园已经禁止工人用除草剂除草，减少化学药剂使用。

人工除草可以结合松土，用黑地膜覆盖，但较费工。生产中，人工除草和化学除草结合起来一起作业。在苗期也可用黑色地膜覆盖植穴，抑制杂草丛生。也可以用区域灌溉制水（如滴灌、小灌出流）的方法抑制草生长。

粉蕉、龙牙蕉等高感枯萎病品种应少锄地，以免伤根，可采用拔草、黑地膜覆盖、除草剂除草、干旱抑制草生长等方法。

2. 松土、挖旧头、除草时松土　宿根栽培通常在早春 3 月雨季前全园深翻土壤一次，这时温度较低，湿度较大，新叶、新根生长少，断根对植株影响不大，况且多数植株此时已收获或处于挂果后期。松土可以晒白土壤，增加养分释放，使土壤疏松、透气，有利于新一年吸芽生长。一般松土深度为 20～30 厘米。未收获的植株，蕉头土壤不松或浅松，由蕉头附近向外逐渐深松，松后施农家肥、无机肥，下雨后新根生长时即可吸收，效果很好。但香蕉旺盛生长季节通常不宜松土断根，尤其是抽蕾期，松土断根会影响抽蕾及果实的生长发育。

香蕉采收后，母株残茎经 60～70 天后基本已腐烂。要及时挖除旧蕉头，填上新土，可减少病虫害，有利于子代根系生长。如与早春松土时间相符，与松土结合起来更好。如果希望加快残茎分解，可喷洒 EM 菌、酵素菌、芽孢杆菌等加速纤维分解。

（四）植株管理

1. 吸芽管理

（1）吸芽的发生　香蕉的吸芽由球茎叶基部的腋芽长大而

成。腋芽起源于中柱维管组织。吸芽发生的数量与球茎营养水平及激素浓度有关，球茎较大易发生，激素浓度高（生长旺盛或组培苗）也多发生。另外，品种间也有差异，例如威廉斯的吸芽明显比广东香蕉2号的多，粉蕉比大蕉多，组培苗比吸芽苗多。当母株的顶端优势受抑制时，吸芽会大量发生，迅速生长，吸芽受踩折或刈顶也会重新长出吸芽。

母株第一个抽生出的芽称头路芽。头路芽吸芽苗从母株伤口反面、旧头反面低位发生。母株第二个抽生的芽称二路芽，依次类推。二路芽对母株生长的牵制作用相对较少，常用来代替母株。组培苗由于前期受外源激素影响大，吸芽发生较早，数量也较多，留芽宜推迟。在亚热带地区，受气候影响，4～7月份抽生吸芽较多，8～10月份逐渐减少，11～2月份基本不发生。

（2）吸芽与母株的关系　吸芽是从母株的球茎上发生的，吸芽前期根系较少，叶片也多为鳞片叶和剑叶，几乎无光合作用，养分由母株提供，这对母株的生长有较大影响。因此，吸芽发生越早、越多，母株的收获期就越迟。但有时也可以用此办法来推迟收获期，避开收获低价钱的正造蕉。

吸芽的生长还影响果实的产量，高产的香蕉园是否留芽，产量大约相差4%，蕉农认为不留芽比留芽相差约2.5千克。另外，新植蕉的收购价比留芽的宿根蕉的价格高10%以上。叶片病害也较少，因此越来越多的蕉农不留芽，年年新种。虽然工作量大，但是生长收获整齐、少虫病、果实靓、价格高。与此相反，母株被台风折断或砍掉也会促进吸芽快速生长。

（3）留芽

留芽原则：吸芽出土到收获历时12～17个月；要以价格高的采收期（春夏蕉和中秋节蕉）留芽来推算；为了保持株行距，边缘及病株缺株周围合理留双株，充分利用阳光；考虑留芽位置，不留花蕾下方的口水芽，以免吸芽叶片刮花蕉果；要在母株生长旺盛期选择健壮的剑芽，通过踩芽、挖芽、刈芽来控制其整齐度。

单造蕉留芽法：春植蕉2个月内发生芽，可选用6月份发的芽，翌年6～8月份抽蕾收正造蕉，第二年不留芽，然后淘汰或套种、新种春植蕉。若想留芽，收春夏蕉在9月份留8月份出土的芽，翌年10～11月份抽蕾，可收获春蕉。要推迟吸芽生长，可通过踩芽、割芽、扒土断根、控肥水等措施调节留芽时间。宿根蕉如要收正造蕉，则在6月份留5月份出土的芽，正所谓"芒种留芽一膝高"。海南和粤西由于香蕉生长期较短，只有10个月左右，为了控制收获期在每年的3～5月份，经常是收获后把吸芽全部挖掉，新长出来的芽才留作母株。这样的芽很整齐，与新种的组培苗一样，11月至翌年2月份抽蕾，2～5月份收获。

两年三造蕉留芽法：在粤西和海南，冬季气温较高、土壤条件较好、肥水管理佳、病虫害防治效果好、种源纯度高、种植密度低的园地，可采用此法。新的春植蕉6月份留芽，母株在9月底前抽蕾，翌年1～3月份采收，吸芽6月份抽蕾，9～10月份收获；第三造蕉可在第一年8～9月份留母株的芽，或次年春留新抽生吸芽。这样母株将收获，子一代将花芽分化，第三代刚留芽，呈三代同堂，第三年第三代3～6月收获。简单地说，就是春植蕉收两造，春夏蕉一造正造蕉。有时遇冻害，台风刮倒母株，也可以缩短留芽间隔期，夺回损失，然而由于留芽期较紧凑，收获期难一致，栽培管理措施必须跟上。

过桥留芽法：也叫一年一造法。在热带地区，为了调节收获期在高价期的每年3～5月份，每年5～7月种组培苗，11月至翌年2月份抽蕾，3～5月份收获。10月份以后留第一代芽，翌年4～6月留第二代芽，在芽高40～60厘米时将母株旧头和第一代芽一起挖除。11月至翌年2月抽蕾，3～5月收获。热带蕉区的商业园也是如此留香牙蕉芽，因为2～6月份的香蕉市场价格高。

粉蕉类留芽：粉蕉容易感枯萎病，在抽蕾前发病率低于5％的蕉园可以在抽蕾后留芽。在抽蕾前采用刈芽控制，除芽时尽量少伤根；可用手折断芽，不伤及靠近地面部分，减少土壤中枯萎病的侵染；用化学除芽的方法。粉蕉园一般不建议留芽栽培，除非第一造蕉的发病率低于10％，宿根蕉采用有机栽培。粉杂1号抗枯萎病，建议在接近抽蕾时（2.5米高）时留芽，以免影响母株果穗发育。接近砍蕉时留第三代芽。可以三代同堂（母株断蕾挂果期，下代2米多高大株期，三代出土33厘米时定芽）。留芽前可以用脚踩1～2次，等芽再长出来才留。粉杂1号也用接力留芽法，在新蕉长到2.5米左右高时留芽，以后春天到秋天每4～5个月留一次芽。

海贡蕉留芽：海贡蕉（抗病皇帝蕉）是生育期最短的香蕉，在新蕉长到1.4米左右高时就可以留第一造宿根，留芽前可以用脚踩1～2次，等芽再长出来才留。脚踩芽比割芽壮。当宿根芽在1.80米高时留第二造宿根芽。在植株青叶数多于13片时留芽间隔可以稍微缩短。以后春天到秋天每2～4个月留一次芽，达到3～4代同堂才用接力留芽法。每收获完2个月又出蕾，40～50天后又收获。如果株行距密度高，就要适当拉开留芽间隔时间。

大蕉留芽：大蕉商业栽培是珠江三角洲特有的水果，大蕉抗逆性强、抗病虫，非常适宜进行有机栽培。大蕉非常便宜，夏季多数时间只有1元/千克的收购价，而在冬春季节可以达到2～2.8元/千克，因此留芽时尽量考虑留冬季（10～12月份）和春季（2～6月份）的香蕉。中秆大蕉生育期从留芽到收获历时10个月，留芽时可以通过割芽、脚踩，抑制其生长，并且可以通过过桥留芽的方法，先留一株过桥芽，当植株长到1～2米高时砍掉，留小芽，让小芽成为替代母株的宿根蕉。

（4）除芽　每株香蕉有十多个吸芽，组培苗有时会较多，一般只留1～2个作为继代株，其余均要除去。在一些枯萎病害严重蕉区，蕉农甚至年年新种组培苗，不留芽，减少植株劣变、退化和病虫害。

当吸芽长到20～30厘米高，就要除掉。除芽有物理和化学两种方式。物理方式除芽，是用蕉锹（钊）、锄头把吸芽生长点破坏或整个芽切除再回土。现在多种组培苗，植株较小，宜用较锋利的小蕉锹除芽。有时可先踩芽再集中一起除掉。也有用刀先将吸芽沿平地割掉，再用硬物捣毁其生长点，此时也可结合化学方法除芽。化学方发除芽，是在生长点处注2～3毫升煤油或柴油，破坏吸芽生长点，使吸芽死亡。目前流行的方法是用小刀沿平地割掉吸芽，再用装矿泉水的小塑料瓶装煤油（或柴油），盖子刺一小孔，每个吸芽注2～3毫升。在煤油（或柴油）中加入极少量2，4-D，吸芽不会腐烂，但停止生长。第二天可见吸芽的刀口愈合，停止生长。几天后芽就会腐烂，但不会伤到母株，新芽还可以重新发出。用此方法可以节省36.7%的作业时间，降低劳动强度，轻松除芽。化学除芽不会对母株造成伤口，土壤病菌不易侵入，减少枯萎病发生。

在高温多湿的生长旺季，15～30天要进行一次除芽工作，以免消耗母株过多的养分。

2. 清园 清园目的是保持园地清洁，减少病虫源。清园的内容是圈蕉和除病株。

（1）圈蕉 将病叶、枯叶的假茎叶鞘病部与健部交汇处切除，再集中烧掉，减少叶斑病及假茎象鼻虫匿藏场所。多在夏季、深秋和开春时进行。

（2）除病株 凡是束顶病、花叶心腐病、枯萎病、象鼻虫受害严重的植株，均须先用2～3厘米粗的木棍在假茎上打一个斜向下的洞，然后倒入5～10毫升的草甘磷原液，或稀释2～5倍液灌心、杀死，再烧毁；在病株附近喷杀虫剂、杀菌剂再撒石灰，有条件的还可用土壤消毒剂，覆盖地膜密封熏蒸杀菌。将病株四周围起来，不要随便走动，以免病原菌扩散。

（3）收获后清园　人工清园是把假茎砍断或砍碎，用锄头把球茎挖掉。机械清园是用大功率拖拉机把蕉园犁过，然后换成旋切盘把香蕉假茎和组织切成小段，最后换成旋刀耙，把小段切成碎块，同时土壤也被犁耙过，非常适合马上轮作（连作）新作物。

（五）土壤覆盖

1. 土壤覆盖的主要作用

（1）保水、保肥、调温，夏天降温冬季保温；改善土壤理化结构，促进果树生长发育，增产效果可达 30% 以上。

（2）山地果园减少水土流失，坡度小可以免修梯田。

（3）反光地膜具有一定反光作用，可提高果实品质及减少喜阴病虫害发生。例如反光地膜对红锈蜘蛛有抑制作用。

（4）地膜可以调节植株水分吸收，防止因暴雨吸水过度而裂果。

2. 覆盖　园地覆盖有生物覆盖和塑料地膜覆盖两种方法。

（1）生物覆盖　在蕉园种牧草（如百喜草）、生杂草，割杂草、秸秆、蕉叶、碎假茎覆盖地面。这种方法可明显提高地表肥力，促进土壤养分循环再利用。经机械打碎的杂草，或加入腐秆剂，秸秆腐烂时间会更短，效果更佳。

（2）塑料地膜覆盖　目前主要用黑色塑料地膜，也有反光塑料地膜。通过应用地膜覆盖，减少地表水分蒸发，保持土壤的持水量，提高肥料的利用率，减少杂草丛生，减少除草工作，不用、少用除草剂，减少对土壤的破坏。具体方法是在定植时用黑色地膜覆盖蕉头附近或畦面覆盖，施肥或淋水时揭开，操作完毕盖回。特别是春季苗期，杂草生长迅速，常常抑制小苗生长，覆盖抑草效果更加明显。一般地膜只覆盖在行间，株间采用生物覆盖，增加土壤吸水力、减少径流，还可以增加土壤肥力。覆盖地膜时应注意先松土、耙平园地，畦中间高两边稍低，以免积水，再覆上地膜，用泥土压实，以免被风刮走。

（六）植株立桩防风

在夏季台风来之前，1.5 米以上高度的植株都应立桩防风，抽蕾后的植株应注意避免果穗与桩接触而被刮花。绑蕉桩的绳子宜用较宽的尼龙或布带子，以免勒伤植株，未抽蕾的假茎一般不扎死，而是松套着，台风吹来可以来回摆动，这样叶片也不会被吹断。

立桩防风的方式有许多种：

（1）后桩式 高州蕉农用较长（5～6 米）的杉木，在果穗反向挖一 60 厘米左右深洞，立桩并绑住假茎中部、上部和果轴。

（2）前桩式 珠江三角洲蕉区等地采用的方法。在果穗下弯前方与假茎之间下方挖一 60 厘米左右深洞，将 4 米左右长的毛竹种下，中部以及果轴交接处用绳子扎紧，注意为防止绳子在竹子上打滑，应先在竹子上扎紧再绑蕉轴。

（3）双竹式 清远等地蕉农采用。用两条长度接近的竹子在靠近末端处绑住，然后张开支撑住假茎倾斜方向。

（4）树叉支撑式 用有叉的小树或大树枝支撑住挂果倾斜的植株，或用木桩、竹子绑扎倾斜植株的把头或果轴支撑。

（5）竹叉式 是以上三种方法的结合。用一根长竹（4 米左右）一根短竹（1 米以内）绑成一个叉状，支撑住倾斜的植株。如果植株较高（3.5 米以上）产量高于 30 千克，须加多一条竹辅助。

（6）绳带式 利用较宽的绳带，如 PVC 塑料带、布带等，将植株中上部绑住和周围植株连系起来，成连环马状，周围的植株则在地上打桩固定如拉电线秆状。

（7）吊绳式 菲律宾的商品蕉园是在 5 米高空拉缆纲，再放下吊绳吊住果轴，减少果穗对假茎的压力防倒伏，每条缆绳吊 2 行香蕉，断了蕾的香蕉才吊绳。

（七）扎叶与割叶

香蕉在 22 片叶龄时生长旺盛，下部叶片会被快速生长的假茎撑开，形成"散把"。散开的叶片容易向外折断，使植株光合作用叶面积减少。如果此时把叶片绑扎起来，可延长叶片的生命期。必须用绳子将蕉叶绑起来。枯叶、病叶及时割掉，保持蕉园清洁。开春要作全园清洁。

四、果穗管理

（一）校蕾

也称拨蕾。花蕾抽出后有些叶片会妨碍其下垂，应把它拨开以免整个花蕾断掉。在果实发育过程中，阻碍果指生长的叶片、花苞片也应移开、用绳子拉开或割掉，以免风吹叶片时，划伤幼果，影响果实品质。如果管理不善，常常有 1%～2% 的花蕾断落失收。

（二）断蕾

花蕾先开 10 梳左右的雌花，接着是 1～2 梳中性花，再是雄花。雄花纯碎消耗养分，应砍掉。从现蕾到断蕾夏季历时 10～15 天，冬季 25～30 天。断蕾应在留足果梳（如 7 梳）后空 1～2 梳进行，以免影响尾梳的雌花果实发育上弯，特别是在雌花数较少的冬季和春季抽蕾时。此外，还要疏果、喷药、套袋保叶等。断蕾时要留足梳果，用小刀斜割掉两梳全部的果或留一个果，再斜割掉果轴，使果轴不易腐烂，此果称营养果，用于防止轴腐烂。干旱季节可以不留营养果。秋冬季节产量低（15 千克以下）的植株果穗如果不正（不向下垂直），则用绳子牵引或垂重物（石块等），使之垂直向下，果指上翻整齐。最后绑扎不同颜色的绳子，刻上日期，在假茎上写断蕾批号，然后根据不同颜色标志统一采收。

（三）除花

也称抹花。断蕾后雌花的花冠会诱发一系列的果实病害，开花后必须除去。具体操作方法是在花苞打开后果指由向下转到水平指向时，花冠呈黑褐色很容易脱落，此时抹花果指流出的乳汁少，对其发育影响小。用双手由下向上轻轻抹掉（或摘掉）花冠。如果每开两梳蕉除一次花效果会更好。对果品质量要求高的农场，工人是戴手套除花作业，以免指甲划伤幼果。在除花作业时可携带明矾饱和溶液，在流乳汁时用浸有明矾饱和溶液的海绵或布涂抹（止乳汁），减少乳汁污染下层果指，也可以在下层果上放一张薄膜（叶子、报纸）挡住乳汁。也可以在除花后马上给果穗喷水，冲洗掉蕉乳。除花的果实套袋后病害减少。如果不除花，套袋后会造成果指发白霉，品质严重下降。海南的香蕉收购商近年也要求果穗除花，收购价可提高 10%～20%。部分收购商不收购没有除花的香蕉，因为他们的销售市场只选择除花的香蕉。因此，果穗除花将是香蕉栽培的新趋势。（彩图 1-6）

（四）疏花疏果

果穗的梳数和果数依品种和植株的长势而定。通常雪蕉 6～8 梳，130～140 果；正造蕉 8～10 梳，150～180 果为宜。果梳数多于 26 个，对果梳增长和增粗不利，也会影响果穗上下大小匀称，对包装入箱不利，上下层果指差异大，收购价低，应间隔疏掉。果梳数太多时，应疏去末尾 1～3 梳，有些头梳果数较少而梳形不好的也可疏去。果梳边缘的单个果也可疏去。疏果通常与断蕾一起操作，疏果后的末梳最好留一只果生长，以防果轴往上腐烂。也可以在果轴涂杀菌剂或火灰防轴腐。在日本，香蕉以整梳销售，对每梳的果数也有严格的规定。目前纸箱包装香蕉，要求不少于 4 梳，不多于 6 梳。通常以开花后未上弯时留定每梳果数，多余的果疏去。影响梳形的果，如有三层果、孖蕉的也须疏去。以保证果形、梳形美观，从而卖得好价钱。疏果作业时应携带明矾饱和溶液，在切掉果指流乳汁时用浸有明矾饱和溶液的海绵或布涂抹止乳汁。也可以用卫生纸堵伤口止乳，或者用报纸接住。如果果穗的果皮有乳汁影响外观，收购价被压低。

粉蕉留 8～10 梳，最多留 12 梳。病株可以适当减少梳数，使果实发育加快饱满。大蕉留 5～7 梳，贡蕉留 5～7 梳。对发育不良的果和不满梳的果梳应除去。（彩图 1-7 至彩图 1-10）

（五）喷药

香蕉嫩果易受病虫侵害。病害主要是黑星病、炭疽病、雪茄病等，虫害主要为花蓟马、褐足角胸叶甲等。花蓟马在抽蕾后未开苞时已进入花蕾危害嫩果，故现蕾后应喷杀虫剂防治。国外用特殊的花蕾注射器注射药防花蓟马。防病通常在套袋前喷药，主要是防治黑星病和炭疽病，具体果穗的病虫害防治方法如本章第五节。目前香蕉收购商均是以果指长、梳形及皮色为主要的收购定价指标，为了增加果指长度，在断蕾时对果穗喷植物激素及营养剂，激素有 6-苄基嘌呤等，营养剂主要有磷酸二氢钾、尿素、高钾型叶面肥、绿旺等。高温期蕉果对药剂的敏感性强，浓度应稍低为宜，蕉果刚断蕾 48 小时内为最佳喷施期，药剂必须有良好的展着性。喷雾器的雾化效果以均匀为宜。喷洒时对下半穗果喷施量稍大。

（六）套袋操作

1. 套袋的作用

（1）香蕉套袋可以减少叶片、叶柄、茎秆、果指互相摩擦造成的机械伤，采收运输中保护果穗，减少叶片、茎秆、杂草刮伤果穗。

（2）改善果实的生长环境，调节果穗温、湿度，加快果实发

育，提早成熟。加长增大果指，增产，防寒保温、防霜、防冰
雹、防晒。减少龙牙蕉、海贡蕉裂果。延缓大蕉表皮细胞、角质
层、细胞壁纤维老化。减少灰尘、废气、酸雨、农药、化肥、叶
面肥污染。果实套袋减少或阻断病菌通过雨水、风等媒介传播，
提高药物对病虫害的防治效果。防止褐足角胸叶甲、老鼠、鸟
兽、黑星病、煤烟病、雪茄病危害。保护果皮表面果蜡，果皮颜
色鲜艳翠绿，催熟后鲜黄如蜡。对提高果实的质量和产量有很大
的作用。提高果品商品价值，收购价提高 10％以上。（彩图 1-
11）

（3）果实套袋可提高袋内温度，晴天增温效果明显，通常增
温 1～3℃，阴天、雨天增温效果较差，晚上基本不增温，但能
保温、保湿。在低温季节，由于套袋白天可增温，增加了果实的
有效积温，收获期可提早 10～20 天，也可降低果实冷害程度。
据产地试验，双层薄膜比单层薄膜袋防冷增温效果更好，故果穗
套袋已成为低温季节果实防寒的重要措施。在果实病害严重的旧
蕉区，雨季套袋也是提高果实商品质量的重要措施。但在夏秋
季，果实套袋后在阳光直射时温度可达 43℃，薄膜贴住果顶容
易造成高温灼伤果实，可用蕉叶、报纸、洗干净的肥料袋等遮挡
果穗向阳面，或内衬珍珠棉、无纺布隔热。现在海南流行的纸袋
虽然价格较高，但果实质量提高，售价也相应提高。

2. 套袋的种类和规格

（1）种类　香蕉套袋有单层纸袋、双层纸袋、珍珠棉＋纸
袋、蓝薄膜＋纸袋、报纸、红纸、蓝袋、黑白色地膜、无纺布、
珍珠棉、纤维袋、毛毯、厚薄膜梳袋。

（2）规格

香蕉袋：70 厘米×140 厘米、80 厘米×150 厘米、90 厘
米×160 厘米。薄膜袋均匀分布打 1 厘米孔 20～40 个（也有无
孔薄膜袋），厚度 0.015～0.03 毫米。纸袋、无纺布不用打孔。
冬季珍珠棉、薄膜袋有时也不打孔。

厚薄膜梳袋：21厘米×38厘米、20厘米×52厘米，均匀分布打1厘米孔20～23个，厚度0.06～0.08毫米。垫把用的珍珠棉、牛皮纸、报纸，规格如梳袋。

塑料袋：50～58厘米×195～110厘米，用无纺布或塑料薄膜。

大蕉、粉蕉袋：70厘米×140厘米、80厘米×150厘米，薄膜袋均匀分布打1厘米孔20～23个。厚度0.015～0.03毫米。大蕉常用无孔黑色薄膜袋、鞭炮用红纸套袋。

贡蕉袋：60厘米×120厘米，均匀分布打1厘米孔20～50个，厚度0.015～0.02毫米。（彩图1-12）

3. 套袋

（1）香蕉套袋 我国目前普遍采用的香蕉袋多为0.02～0.03毫米的蓝色薄膜袋。高温季节蕉农用纤维肥料袋套果，效果也不错，不会灼伤果实。海南岛的香蕉园用报纸先套在内层再套塑料袋，防晒效果也不错，但报纸容易刮花果指，里层加珍珠棉可避免刮伤。现在也有单套双层纸袋和珍珠棉加纸袋再套蓝色薄膜袋，冬天可以防寒，但成本太高。国外为防灼伤用白色不透明袋或一面蓝色一面银灰色的薄膜袋，夏季用的袋还打孔通气，有的袋本身含有防治病虫害的农药。现在新采用一种无纺布作香蕉袋，每个约0.8元，夏天用效果不错，但边行必须防晒。

为了减少下层果尖端对上层果刺伤，还需加套隔梳袋，提高果指外观质量。果梳袋用0.07毫米厚淡绿色圆筒料聚氯乙烯薄膜按一定密度打1厘米圆孔制成。也可以用珍珠棉隔开果梳，或者在收获前把珍珠棉袋和薄膜袋扯下，垫在果梳中间防止采收搬运蕉果过程中划伤果皮。套梳袋的果穗特别受短途市场运条蕉的客商欢迎。为了保温，还用毛毯套果穗。（彩图1-13至彩图1-22）

（2）大蕉套袋 大蕉通常不套袋。但由于套袋后皮色鲜艳，可出口香港及供应广州等大城市，春大蕉常常也套袋，套袋大蕉季卖2.4元/千克。因此，很多大蕉园也开展套袋，套袋材料有纸袋、红纸袋、报纸、蓝袋、黑色地膜、纤维袋等。（彩图1-23）

（3）粉蕉套袋　目前商品蕉园粉蕉较少套袋，但是在冬季抽蕾的果穗，套袋是防寒的重要措施，以免幼果冻伤不发育。寒潮到来时抽蕾，应该见蕾套袋。套袋还可以保证皮色干净，果皮表面的果蜡完美。冬季寒潮到来时，抽蕾期长，应该见蕾套袋，绑扎顶部和底部保温。温度高于25℃时解开，低于15℃再封住，以免幼果不发育。套袋材料为蓝色薄膜袋、珍珠棉或无纺布，大张的报纸。（彩图1-24）

（4）贡蕉与海贡蕉套袋　冬季现蕾套袋，夏季断蕾套袋。冬季应该注意封袋防寒。夏季套袋时间短，一般套袋的材料都可以重复利用。蓝袋、珍珠棉、纸袋和报纸可用2～3次，无纺布可用5次以上。套袋有蓝色塑料薄膜袋、珍珠棉、无纺布、遮报纸。（彩图1-25，彩图1-26）

4. 套袋后管理　根据果穗套袋时间绑扎不同颜色的绳子，夏天1周换一次，冬季2～3周换一次。

套袋后如果气温高于23℃，袋内温度高于28℃，湿度高于85％，容易诱发真菌病害，要打开袋通风，喷药防治，并在袋子中上部开几个孔透气。也有套袋时顶部留孔透气。果轴下部如果不垂直会导致尾梳果指发育不良，可在底部挂重物或用绳子牵拉到垂直的位置。

套袋作业的同时注意把有妨碍果穗发育的叶片移开或折断、割叶，以免风吹动时碰到果穗划伤果皮。

套袋后气温在20℃以上时，袋内空气湿度过高容易引发霉菌滋生，诱发煤烟病、炭疽病等影响果实品质；特别是没有除花的果穗，在高温天要开袋透气或在顶部开口，揭开袋子喷药防病。（彩图1-27）

(七) 收蕉后假茎处理

如果是一年一造或换种，收蕉后茎干就没有用了。如果留芽则不同，蕉果收获后，蕉果生长的"反馈作用"消失了，植株和叶片的内激素发生了变化，光合强度降低，但光合作用的同化产物流向转到有生长点的吸芽，球茎和假茎上贮存的养分会逐步转移到吸芽。香蕉采后 70 天内，吸芽从附近的假茎直接吸收的养分占吸收量的比例为氮 14.5%、磷 33.7%、钾 13%、钙 10.5%、镁 41%。这就是第二造蕉要比第一造蕉高产的原因，因为他们有"遗产继承"。因此，要想子代获得高产，要保留假茎，砍掉叶子，但对病、虫株，最好将残茎晒干、烧毁，但有时希望推迟吸芽的收获期则砍掉母株。

(八) 保叶

1. 植株的青叶数对产量和品质的影响　香蕉的产量是由单位面积上有价值蕉果穗数来计算，即产量＝有效穗数×每穗蕉果数×单果重。每穗有效穗数是除掉病虫株、劣变株、倒株等可出售的果穗数。蕉果数和单果重均与叶面积有关。一般抽蕾叶片数 15 片，可留 10 梳，约 180～220 个果；10 片青叶时不多于 7 梳果，叶片数及叶面积在抽蕾后只减少而无增加。一般来说，叶片面积越大，制造的同化物质越多，果指长得越快、越大，积累的糖分也越多，产量就越高，品质也佳。因此，保持香蕉的青叶数量是获得高产优质的关键。同时叶片多的植株不容易产生裂果和树上黄熟。

2. 保叶措施　要保叶就是要延长叶片寿命，影响叶片寿命的因素有根系生长状况、养分、病虫害、光照和气候条件等。养分充足，特别是钾肥的施用（根施、叶面施），有利于叶片保持旺盛的代谢能力，从而刺激叶片的寿命延长，光照不足的过密园地叶片寿命也相对较短，温度过低、湿度过低，也会缩短叶片寿命。影响叶片寿命的病虫害有叶斑病、黑星病、灰纹病、巴拿马病（枯萎病）及卷叶虫。枯萎病一般无法治愈，其他病害可用敌力脱、百菌清、灭病威、大生富、势克、阿米西达、富力库、代森锰锌、可杀得 2000、应得等药剂，每 10～15 天交替使用；卷叶虫用一般的杀虫剂即可防治。目前，香蕉的保叶工作已成为主要的日常栽培作业内容，费用也占生产成本的 20% 左右。国外一些香蕉园因受黑叶斑病危害，每年喷药剂高达 40 次，成本更高。另外，保叶先保根，根深才能叶茂，对蕉园土壤的水分和养分供给应充足。

（九）防寒

1. 寒害种类

干冷：主要为平流冷害。北方的冷空气南下，低温干燥的北风使叶片和果实失水变褐。干冷通常温度较高，不会使植株死亡。干冷多在 11 月底至翌年 1 月发生。

湿冷：低空受冷空气的影响，高空受暖空气的影响，低温高湿伴有小雨，持续时间长。冰冷的雨水使未抽蕾植株的生长点或花蕾死亡，呈烂心状。多发生在 12 月底至翌年 2 月中旬。2008 年 1～2 月中旬在华南地区发生的大范围、长时间的低温湿冷天气使广东、广西的香蕉减产 30%。

霜冻：多为辐射霜冻，在寒冷、晴朗、无风的夜晚，凝结在叶片上的露珠因辐射冷却引起霜冻。霜冻多数出现在日出前，日出后消融，但是叶片已受冻伤，变褐干枯，果实变褐；连续几天霜冻，假茎也会变褐渗水，地上部分死亡。如 1999 年 12 月 21～24 日，华南地区发生的大范围霜冻，导致全国香蕉减产超过 20%。

2. 防寒措施

寒害多发生 12 月底至翌年 2 月底之间，因此在寒害到来之前，应做好各种防寒措施，降低寒害带来的损失。

（1）选种抗寒品种 在常年冬季最低温度低于 5℃、霜冻时常发生的地区，香蕉要安全越冬不容易，最好种植抗寒性强的粉蕉、大蕉、龙牙蕉。

（2）适时种植 通过选择适当的种植期、留芽期，在冬季极低温到来前收获，或植株抗寒力强的阶段越冬。在珠江三角洲地区，许多蕉农自己培育 15 片叶龄的大苗，清明前种植，大部分可以在次年元旦前收获。其次，控制在 11 月上旬前抽蕾，寒潮到来时有三至五成饱满度，耐寒性较好，能较安全越冬。控制植株的花芽分化也很重要，低温期分化，产量低，质量差，10 月前花芽分化质量好，产量高。也可采用夏秋植收正造蕉的方法，利用 20 片叶左右叶龄耐寒性较强的植株越冬。

（3）设施栽培 利用薄膜拱棚单行种植。在 10 月底至 12 月上旬种植，降温前封薄膜，次年 3 月回暖后打开。一般次年 12 月前可全部收获。

（4）重施过冬肥 10 月份施一次农家肥（土杂肥、厩肥、麸肥）加磷、钾肥，提高植株耐寒力。

（5）喷叶面肥 降温前喷磷酸二氢钾（0.1%～0.3%）、爱施牌高钾型叶面肥（0.1%～0.2%）、高脂膜（0.5%）、抑蒸剂（1%）、比久（B_9）、多效唑（5 毫克/千克）等，可以提高抗寒力。还可以喷施防冻剂如天达 2116、霜冻克星、寡聚糖。

（6）蕉园覆盖 用地膜、稻草等覆盖畦面，减少地面水分蒸发，增加根系活力。

（7）套袋防寒 抽蕾后用薄膜袋套果防寒。在寒流到来前绑住下开口，寒流过后打开。有条件可先包保暖的珍珠棉或纸袋，或多套几层袋增加防寒效果。套袋封袋口非常重要，目前春天香蕉的价格主要是以冻害的严重程度而定，果穗保温好比产量高重要得多，价格甚至相差 1 倍。2008 年春的冷害，部分农场就是套了吸水纸袋＋珍珠棉＋双层纸袋＋蓝色薄膜袋，而起到保温效果。其收购价比套两层袋的每千克高 0.6 元。

（8）烟熏、喷水、灌水防霜 在预报有霜冻的夜晚烟熏，可

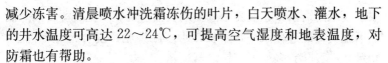

减少冻害。清晨喷水冲洗霜冻伤的叶片，白天喷水、灌水，地下的井水温度可高达 22～24℃，可提高空气湿度和地表温度，对防霜也有帮助。

3. 寒害后的补救措施　寒害后及时刈除冻伤的叶片、叶鞘，防止腐烂蔓延。

根据冷害的程度，采取相应的措施。如母株冷害不严重，估计还可抽出 6～7 片新叶、2～3 个月后可抽蕾的，可除去秋季预留的秋芽，改留小芽，让母株充分生长，如母株受害严重，在接近抽蕾或刚抽蕾无青叶时，最好砍去母株，促进吸芽生长，争取当年及早收获。

孕蕾的植株因寒害后花蕾抽不出的，可用小刀在假茎上部割一长 15～20 厘米、深 3～4 厘米的浅痕，以利于花蕾在假茎侧面抽出，农民戏称为剖腹产。

提早施速效肥，尤其是速效氮肥如碳酸氢铵、尿素等，对恢复和促进植株生长有显著作用。对已经挂果而青叶数较少、根系活力差的植株，要经常对果穗和叶片根外追肥，保证果实继续生长。最好喷磷酸二氢钾、绿旺或其他营养元素及赤霉素等。

（十）防止树上黄熟蕉的措施

在冬春季节，果指应在九至十成饱满度才会在树上自然转黄。但在高温、干燥的夏秋季，常有许多蕉果在不足八成饱满度就退绿转黄软化成黄熟果。一旦有一只黄熟果，整穗果几天内就会退绿转黄，失去商品价值。正常情况下，一只果黄熟，整穗果会被收购商剔除出来，因为在运输过程中会发生软黄，无法在市场上销售。树上黄熟的原因是由于高温、干燥的天气叶片蒸发量大，而根系吸水不足，果实呼吸作用加强，产生乙烯，催熟果实所致。叶片少、病害严重的植株很容易发生树上黄熟。

防止黄熟蕉的措施：①喷灌，调节蕉园小气候，增加空气湿度，降低果园温度；②地面灌溉，放跑马水淹灌、畦沟灌，保证根系吸水的需求；③覆盖，减少地表辐射，提高土壤湿度，降低土壤温度，促进根系正常生长；④多施钾肥、复合肥、有机肥；⑤保叶，青叶数多就不容易瘦蕉黄熟。

第五节　香蕉病虫害防治

一、主要病害

香蕉主要病害有香蕉束顶病、香蕉花叶心腐病、香蕉枯萎病、香蕉叶斑病、香蕉黑星病、香蕉炭疽病、香蕉冠腐病、香蕉线虫病、香蕉线条病毒病及生理性叶缘干枯病。

（一）香蕉枯萎病

香蕉镰刀菌枯萎病，也称黄叶病、巴拿马病，由于最早在巴拿马大密啥（Gros Michel）品种大面积发生而得名。该病使大密啥这个出口品种的种植面积大大减少，并由香牙蕉类（Cavendish）所取代。我国在 20 世纪 50 年代引种粉蕉时发现此病，属镰刀菌第 1 生理小种危害，现已成为龙牙蕉（AAB）、粉蕉（ABB）的主要病害，所有产区均有发生，使这两种蕉无法大面积种植。70 年代我国台湾学者发现的镰刀菌第 4 生理小种引起的香蕉枯萎病，危害包括香牙蕉类（AAA）、龙牙蕉（AAB）、大蕉（ABB）在内的品种。1997 年在番禺区和中山市的蕉园也发现较多植株发生叶片黄化，疑为被镰刀菌第 4 生理小种危害的植株。目前该病已经通过组培苗调运、蕉农耕作、收购等途径由病区向东莞、珠海、海南等地蔓延。在珠江三角洲已成为香蕉的灭顶之灾。国际香大蕉改良网络（INIBAP）主席 Emile Frison 2003 年 1 月 16 日在英国《新科学家》杂志上发出警告：枯萎病将使香蕉在十年内灭绝！此言虽然带有耸人听闻的味道，但从病害发展趋势来看，也不无道理。

1. 病症 该病最明显的特征是下部叶片由叶缘向中脉黄化，自叶片撕裂边缘两侧沿与平行主脉的方向向内部黄化（香牙蕉感病早期症状）。此病状有时在明显缺钾特别是干冷季节发生。有时黄化比较均匀，有时绿叶与黄叶部分有明显的界限。叶片黄化后叶柄基部软折凋萎，接着其他叶片相继下垂，色泽由鲜黄变为暗黄，最后干枯呈裙状。也有的病株叶片在一周左右突然全部均匀黄化，然后干枯。在中山市龙牙蕉发病表现为叶鞘散开，呈"散把"状，假茎基部开裂，深达心叶，并向上扩展。后期感病植株虽然可以抽蕾，但果实不能正常发育，生长停滞，叶片相继枯萎后，假茎也枯死，但其球茎仍可抽生新吸芽，绝大多数带病，少数可以正常生长发育，仅极少数能抽蕾收获。（彩图1-28）

2. 病源及传染途径 该病病源为半知菌亚门尖孢镰刀菌，目前已发现有4个生理小种。第1生理小种危害大密啥（AAA）和龙牙蕉类（AAB）、粉蕉类（ABB），第2生理小种危害大蕉类（ABB），第3生理小种危害蝎尾蕉属，第4生理小种危害包括香牙蕉（Cavendish AAA）在内的500多种香蕉。新的分类方法是用营养生长兼容组（VCG）把浸染香蕉的尖孢镰刀菌古巴专化型分成35个小种（strain），其中能侵染香牙蕉的热带小种4（TR4）包含66个小种，其中VCG 01213和VCG 01216侵染力最强。

该病从根部入侵，受伤的根部受渍水均易感病。病源菌在香蕉木质部发展，堵塞维管束，并产生毒素，使之坏死。

该病可通过苗木、流水、土壤、农具、人员走动带菌传播，有明显的发病中心。病原菌一般在雨季（5～6月份）感染，10～11月份是发病高峰期。组培苗伤根，淋菌液处理，潜伏期可短至15天表现症状。病害在沙壤土比砖红壤土传播快。

3. 防治方法

（1）从国外引入香蕉品种时必须以试管苗引入，防止引入新病害。

（2）选不带病菌的组培苗作种植材料，防止种源带菌。

（3）发现病株要用除草剂杀死，并就地烧毁，植穴用石灰氮600克消毒后覆盖，亦可用福尔马林20～50倍液淋施土壤消毒，也可在植穴施石灰、土壤消毒剂进行消毒，病穴可改种香大蕉、抗病香牙蕉品种，如粤优抗1号、抗枯5号、农科1号；镰刀菌喜欢弱酸性土壤，改善土壤理化条件，增施土壤改良剂，调节酸碱度到pH7，造成不利病原菌繁殖的环境；此外，杀线虫也可减少病菌侵染。多施生物肥、有机肥促进植株抗菌能力提高，使植株提早抽蕾早收获。

（4）发病率高于20％、多点发生时，应改种水稻、莲藕或改种抗病的品种，但种植前应先进行土壤消毒，种植后也应该对灌溉水进行消毒，用量为每吨水加石灰氮30～50克。

（5）田间锄草、施肥、灌溉时尽量少伤根、断根，伤球茎，减少侵染机会。

（二）香蕉束顶病

香蕉束顶病是香蕉的重要病害，东半球香蕉产区均有发生，在我国香蕉产区发病率在5％～10％，个别旧蕉园可达20％以上，吸芽苗较组培苗发病率高。

香蕉束顶病主要在香牙蕉类（AAA）发生，龙牙蕉类（AAB）耐病，大蕉、粉蕉（ABB）、野生蕉（BB）和阿宽蕉（Initeran）高抗病。

1. 病症 感病植株新叶抽生异常，新出叶一片比一片窄且短，叶柄也变短，直立向上，不能正常开张，呈束状叶，由此得名，蕉农俗称丛心病、葱蕉、虾蕉、蕉公、遁架。早期症状是叶柄及中脉基部出现深绿色条纹，俗称"青筋"，此后新出叶变小、直立、变脆，叶片边缘明显失绿，后变枯。早期发病一般不能正常抽蕾，抽蕾期发病果实小，无法发育长大。病株根系大部分呈

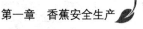

紫色，不发新根，吸芽抽生有所增加，均为带病材料，不能作为繁殖材料。

2. 病源及传染途径　该病病源是香蕉束顶病病毒，通过种源、香蕉交脉蚜传播。机械磨擦和土壤线虫不能传播。带毒蚜虫吸食吸芽后，最快一个月可显症。在暖冬的年份，4～5月份回暖时为发病高峰，这与蚜虫大量越冬有关，苗期叶片幼嫩，蚜虫喜吸食，发病也较成株严重。矮秆品种较高秆品种发病较多，旧蕉园和第二造园比新植蕉园发病多，病穴补种发病率也很高。吸芽及球茎也能传播病害。

3. 防治方法

（1）采用无病组培苗作种苗。选择无病园采吸芽进行繁殖的组培苗，炼苗大棚苗圃要有 40 目以上防虫网，经常喷杀蚜剂，确保苗木不带病源。切忌大量从老蕉区、旧蕉园大量调运吸芽作种源。一般新园用无病组培苗，可以保证第一造蕉发病率在 3% 以下。

（2）经常检查蚜虫。至少应于 9～11 月和翌年 3～4 月份加强蚜虫防治，用吡虫啉 2 000 倍液或 50% 辟蚜雾 1 500～2 000 倍液、阿维菌素 1 000～5 000 倍液、70% 艾美乐 15 000 倍液、5% 鱼藤酮乳油 1 000 倍液等内吸性杀虫剂喷雾，以香蕉把头处及杂草为主。香蕉交脉蚜的寄主范围主要是芭蕉科，有蕉麻、姜、芋头。

（3）铲除病株。可用除草剂先杀死病株，再挖除，集中销毁，病穴可暴晒，消毒后补种粉蕉或大蕉。

（4）发病率在 30% 以上的病园应改种其他作物或轮作水稻、粉蕉、大蕉。

（三）香蕉花叶心腐病

香蕉花叶心腐病最早是 20 世纪 20 年代在南美及东南亚报道有发生。我国最早于 1974 年在广州市郊发生。组培苗较吸芽苗易感此病，秋植比春植易感病，管理不善的蕉园发病率已超过50%。

该病主要危害香蕉类（AAA），龙牙蕉类（AAB）、大蕉类（ABB）抗病。粉蕉基本免疫。

1. 病症 叶片上出现连续或长短不一纺锤形黄绿条斑。叶片两面均可见，但叶表较明显。幼嫩叶片黄化、斑驳，随着叶片老化渐变为黄褐色，接着呈坏死条纹和材纹斑。叶缘略卷曲，皱缩呈波浪状。病株的心叶和假茎中心部分出现水渍状，随后坏死、变褐、腐烂，呈心腐病症。抽蕾期发病的植株，果轴或花苞出现黄色条纹斑，果实出现斑点，不发育，无经济价值。（彩图1-29，彩图1-30）

2. 病原及传染途径 病原为黄瓜花叶病毒，因此该病也称黄瓜花叶病。病毒寄主范围很广，包括葫芦科、十字花科、茄科、玉米和杂草，通过多种蚜虫传播，如棉蚜、玉米蚜、桃蚜等。该病发病率取决于果园周围环境，蚜虫种类和数量及种苗抗病力。组培苗对该病的抗性差，潜伏期短，1～3个月即可发病。吸芽较为耐病，有时长达12～18个月。有时感病植株病状在高温期可被抑制，但温度稍低时又表现出来。10片叶龄壮苗较嫩苗抗病，偏施氮肥，夏秋季种植，间作感病寄主作物，前作为蔬菜的发病率较高。

3. 防治方法

（1）严格检疫制度，选择无病苗。对新种植的蕉园应选择无病健康的组培苗；小苗出圃时抽查新叶有无蚜虫，保证出圃不带病虫。采用叶龄较多的组培苗种植。

（2）幼苗7～15天、成株20～30天全园喷施杀蚜虫剂一次，用吡虫啉2 000倍液或50%辟蚜雾1 500～2 000倍液、阿维菌素1 000～5 000倍液、70%艾美乐15 000倍液、5%鱼藤酮乳油1 000倍液等全园喷施。

（3）选园时不选前作是蔬菜或桃树的地。发病率高于30%

时，应轮作水稻。

（4）保持园内清洁，经常清除杂草，减少病毒病及蚜虫寄主。

（5）铲除病株，集中销毁，可用除草剂如 5％ 2，4－D 或10％草甘膦 10 毫升，在假茎离地 10～40 厘米处注射，30 天后病株基本腐烂。

（6）加强肥水管理，不偏施氮肥，旱天喷药时结合叶面施肥，如磷酸二氢钾、复合肥、叶面宝及植病灵加高脂膜、硫酸锌，提高植株抗病力。

（四）香蕉叶斑病

香蕉叶斑病包括黄叶斑病、灰纹病、煤纹病、叶腐病等。叶片病害影响植株生长速度、生育期、抗性、产量和品质。因此，叶斑病防治是否及时有效，是香蕉种植是否赚钱的关键措施。（彩图 1－31）

1. 黄叶斑病（褐绿灰斑病）

病症：老叶表面产生与叶脉平行黄褐条斑，由叶缘向中脉发展，病斑初期只有 2 毫米大小，逐步扩大成 40 毫米，后期病斑连接变为黑褐色，中间呈干叶状的灰色。病斑多时叶片早衰，植株青叶数减少，香牙蕉较易感病，大蕉、粉蕉、龙牙蕉耐病。

病原及传染途径：病原为香蕉尾孢菌。病菌分生孢子靠风雨传播，春秋两季气温在 27℃ 左右发病，高湿度条件下发病较严重。

2. 灰纹病

病症：在老叶发生，病斑为椭圆形、褐色，进而扩大为中央灰色，具轮纹，周围深褐色病斑，雨季病部与健部交界处出现浅黄色的 5～20 毫米退绿宽带，晚秋以后坏死带转为灰白色，质脆，其上有小黑点。

病原及传染途径：病原为香蕉双孢菌。病菌分生孢子借助风雨传播，在叶片潮湿时感染叶片，在叶片抗性差时发病，高温高湿季节发病多。

3. 煤纹病

病症：病斑多发生在中下层叶片边缘，近圆形暗褐色，斑面轮纹较明显，故也称轮纹病，病斑有暗褐色霉状物。

病原及传染途径：病原为香蕉小窦氏菌，叶片背面的分生孢子靠风雨传播，感染叶片。

4. 叶瘟病

病症：发生于薄膜大棚中的组培苗，初期为锈红色小点（1毫米左右），随后扩展为中央浅褐色边缘锈红色，呈梭形，轮纹明显，潮湿时病斑产生霉状物。

病原及传染途径：病原为香蕉灰犁孢菌，在潮湿环境下产生大量分生孢子，靠气流传播。

5. 防治方法

（1）合理密植，合理留芽，经常清园，圈蕉，销毁病叶、干叶，保持园地清洁，通风透气，减少病害来源及传播机会。

（2）增施钾肥、有机肥，提高植株抗病力。

（3）药剂防治。生长旺季（4～10月份）每20天喷药一次，抽蕾后植株适当加密至15天左右一次，目前较有效的药剂有25％敌力脱乳油1 500倍液、凯润1 500倍、世高10％水分散性颗粒剂1 000倍液、富力库25％水乳剂1 000倍液、80％代森锰锌800倍液、25％腈菌唑1 500倍、25％苯醚甲环唑1 500倍、阿米西达1 500倍、40％灭病威400倍液、70％甲基托布津800倍液、爱苗30％乳油1 500倍液、可杀得1 000～1 200倍液，以及思高、应得、万兴等。喷药时要喷叶面及叶背，并加入少量洗洁精、洗衣粉及增加药效的助剂，加强药剂粘附效果。

（4）对叶瘟病可采用促苗快长，通风透光，结合化学防治。施复合肥提高小苗抗病力，合理通风，降低温度，加强光照，减少病害发生。对较严重小苗应清理出苗棚，减少病源。

（5）病害严重的蕉园应轮作或更新种植。

（五）香蕉黑星病

香蕉黑星病主要危害香牙蕉和龙牙蕉类的叶片和果实，粉蕉类和大蕉类对该病有一定的抗性，受害植株产量、质量、风味和售价下降、经济效益降低。

1. 病症　发病时叶基及中脉产生许多散生或群生突起粗糙的小黑粒，大约 1 毫米左右。后期黑星布满叶片，密集成大块斑，使叶片衰退变黄而枯萎，老叶比新叶严重。病叶提早凋谢，由于青叶数减少而影响产量。当病菌危害果穗时，病斑由果轴向果柄发展到果指内弯，同一梳果，内排果较外排严重，到后期病斑布满整个果实，果皮粗糙，成熟时病斑不能转黄而保持黑星斑，外观、品质差，不耐贮藏，收购价格极低。近年发现黑星病有加重的趋势，叶片黄化加速，只用化学防治效果不够好，病菌抗药性、耐药性提高，需综合防治。（彩图 1-32）

2. 病原及传染途径　该病病原是香蕉大茎点菌，通过雨水溅射把病叶分生孢子传到健叶果实上，分生孢子萌发成分生孢子器（即黑星），当露水和雨水流动时，病菌沿水流传染，从叶片和果轴、果柄、果弯顶部可以观察到。因此 4～10 月份高温多雨时发病。

3. 防治方法
（1）经常清园，减少病源。
（2）药剂防治（详见叶斑病防治）。
（3）抽蕾时喷药一次，然后套袋保果。
（4）病害严重的蕉园应轮作或更新种植。

（六）香蕉根结线虫病

1. 病症　根线虫侵染香蕉根部，受害植株的大根表现短而肥大，且有开裂，小根上有时可形成肿瘤。有时未发育成大根时即被破坏，肿大时切开组织可见褐色点状物。由于线虫危害继而引发病菌感染，使根腐烂，有效根减少。地上部主要表现植株矮化，黄叶或丛生叶，散把，叶边缘失绿，枯叶多，叶呈波浪状皱曲。抽蕾的植株老叶如烧焦状，从叶缘至中脉凋萎。严重时果穗不能正常下弯，果实瘦小，干瘪僵硬，生长停滞，有时症状类似束顶病，只是叶柄没有"青筋"。

2. 病原及发病条件 寄生于我国香蕉的根线虫有 13 个属 31 个种，其中螺旋线虫、根结线虫和矮化线虫的分布最普遍，对香蕉有一定的危害。根腐线虫和针线虫在局部能形成很大群体，其破坏性也值得注意。国外还有破坏性更大的穿孔线虫，引进国外香蕉吸芽时要特别注意。

我国香蕉线虫危害较多的是福建省和海南省，广东省吴川县、遂溪县等也曾发生线虫严重危害的植株。根线虫多发生于管理粗放的沙质土壤蕉园，干旱时尤为严重，在黏质土中极少见线虫危害。

3. 防治方法

(1) 采用无病虫组培苗种植。

(2) 药剂防治。在种植前用氰胺化钙（石灰氮）熏蒸消毒，每亩 60～90 千克或每穴 50～200 克，淋水后覆盖地膜，也可只对种植穴消毒。发病蕉园可定期施杀线虫剂进行土壤消毒，如辛硫磷、克线磷、涕灭威、米乐尔、舵手、神农丹等，每株用有效成分 10～25 克，2～3 个月一次，大株用量大一些，并加强肥水管理。也可用阿维菌素 1 000～5 000 倍液淋头灌根。

(3) 轮作净化土壤。发病重的蕉园，可与水稻等水生作物轮作，并净化杂草、病残根。重新种植香蕉时，要翻耕土壤，充分晒白。

（七）香蕉炭疽病

1. 病症 该病主要危害即将成熟和成熟的果实。苗圃及小苗期由于间种作物过密、湿度过高，下部老叶发病，发病初期为褐色圆斑，直径 2～4 毫米，逐渐扩大，周围几个病斑互相融合成不规则或朵形大斑，病部长出朱红色黏性小点；病果初期为 1 毫米左右褐色圆斑，病斑逐渐扩大并互相融合，俗称"梅花点香蕉"，甜度和香味达到最高峰但货架期马上结束。当病菌危害叶片时，病斑如同果实一样，后期黄化，叶片早衰，影响苗期生长。

2. 病原及传染途径　该病病原是香蕉刺盘孢。病菌由风雨传播到青果或叶片上，在高温高湿的环境，分生孢子发芽侵入青果或叶片，果实感染后病菌处于被抑制状态，到果实黄熟时才显症状。

3. 防治方法

（1）苗期发病注意通风透光，除草，摘病叶，喷药防治，套袋时要开口或大孔透气，果穗除花减少病菌。

（2）采前果穗喷杀菌剂如多菌灵、甲基托布津、施保功、势克等 2～3 次。

（3）在采收、运输、加工、包装过程中尽量减少机械伤。

（4）采后浸杀菌保鲜剂，如特克多 1 000 倍或扑海因 250 倍液、施保克 1 000～2 000 倍液、施保功 1 000 倍液、真绿色 500～1 000 倍液等。

（八）香蕉冠腐病

1. 病症　该病为采后的主要病害。首先危害果轴，果穗落梳后，蕉梳切口出现白色棉絮状物，造成轴腐。病部继而向果柄发展，呈深褐色，前缘水渍状，暗绿色，蕉指散落。最后果身也发病，果皮爆裂，并长出白色棉絮状菌丝体，果僵硬，不易催熟转黄，食用价值低。

2. 病原及发病条件　导致冠腐病的真菌涉及近 10 个属。在广东省该病主要为镰刀菌引起，病菌主要是半裸镰刀孢、串珠镰孢、亚黏团串镰孢及双孢镰孢等 4 种，其中第一种致病力最强。4 种菌均由机械伤口侵染，用聚乙烯包装贮运或运输车厢高温高湿，则极易发病。

3. 防治方法

（1）套袋后注意防晒，以免晒伤果顶以后感染。减少采收、落梳、包装、运输中各环节的机械伤。

（2）采收后包装前用 50％多菌灵 600～1 000 倍液（加高脂膜 200 倍液兼防炭疽病）浸果 1 分钟。

（九）香蕉线条病毒病

1. 病症　香蕉线条病毒病（Banana Streak Virus，BSV）的病症类似花叶心腐病，特别是早期阶段。叶片平行叶脉上有纺锤状褪绿斑，逐渐扩展（加长、加宽）连成线，进而坏死。感病株不会在所有的叶片都显症状，有的症状很轻，有的完全没有。重症的植株假茎有红褐色斑点或黑色条斑，继而中间坏死，最后发展到植株死亡。粉蕉感病的植株先在组培苗大棚阶段发生叶面扭曲、油状，叶片不对称，叶缘波浪形，平行叶脉有许多褪绿条斑。有时生长旺盛期会长出全绿正常的叶片，病状消失。在大田表现生长慢于正常株，有时会出现病症。抽蕾后可见梳数、果数少，产量低于正常的 30％以上。

2. 病原及侵染途径　该病是非洲严重的病害，最早发生于 1968 年（Lassoudiere，1974），1985 年 Lockhart 在摩洛哥从矮把香干牙蕉分离出纯的香蕉线条病毒。1993 年该病毒在印度、中国、厄瓜多尔、特立尼达、格林纳达、巴西、澳大利亚及菲律宾等地相继发生（Jones & Lockhart，1993）。Lockhart 在 1995 年报道病毒粒子为 150 纳米×30 纳米的圆柱体。许多分离出来的 BSV 与甘蔗线条病毒（SCBV）有亲缘关系，但不侵染甘蔗。

与一般病毒病不同的是，BSV 不是由行动迅速的蚜虫传播，而是由行动缓慢的粉蚧传播。一系列的粉蚧（*Pseudococcidae*）

都可以传染 BSV（Lockhart，1992）。尤其是 *Planococcus Citri* 和 *S. sacchari* 2 种粉蚧对半抗病品种的传播侵染率达 90%。Lockhart 在 1995 年报道 BSV 在自然条件下的寄主仅限于芭蕉属（AAA，AAB，ABB 组），其他如蕉麻属、衣蕉、野生蕉均不是寄主。但最近报道 BSV 侵染的香蕉种类增加。组培过程可以将带病母株的病毒传播到后代。带病的植株只能在显病叶片被检测出来，因此组培苗的原种采集必须慎重。

3. 防治方法　采无病原的原种吸芽，经病毒血清检测后再进行繁殖，苗圃观察有无病症，有则整批芽（苗）淘汰。化学防治可减少媒介虫源传播。

（十）叶缘干枯病

近年来，东莞、高州、番禺等香蕉产区普遍出现一种叶缘干枯病，每年 6～12 月分 2 发生较严重，老叶较新叶严重，最多干枯部分可占叶片的 50%，由于叶面积严重减少，香蕉的产量、品质均下降，造成果穗变小、变短，价值降低。

据台湾香蕉研究所报道此病为空气中过剩氟化物中毒所致。吴定尧 1995 年报道，受害蕉区多数周围有砖厂、水泥厂，砖坯中的氟 86.59% 和水泥矿石中的 74.07% 在烧制过程中以氟化氢的形态逸散到大气中，使大气中的含氟量成倍增加。东莞市大气含氟量已超过国家一次最高允许量的 2.06 倍，笔者认为是含二氧化硫的酸雨影响造成。

香蕉对大气氟污染极为敏感，粉蕉次之，大蕉较耐氟污染。香蕉可作为大气氟污染的指示果树，当大蕉叶片发生缘枯病时，表明大气氟污染程度已相当严重。根据笔者调查，所有发生缘枯病的香蕉园均很少发生黄叶斑病，这也许是酸雨有利的副作用减轻了对香蕉的污染。孟范平、吴方正等 1998 年报道，氟进入植物体内与镁、钙形成复合物阻碍酶活性，影响光合作用、呼吸作用及细胞内复杂的膜系统，影响遗传变异，加速衰老进程。

据华南农业大学张海岚等研究（1998 年），降低氟污染的措施有两点：

（1）**增施肥料** 每株香蕉加施石灰 600 克、硫酸镁 100 克和硼酸 20 克。肥料分 3 次施入。第一次茎高 30 厘米时，施石灰 150 克；第二次在茎高 1.2 米时，施石灰 250 克、硫酸鲜 100 克在蕉株半径 60 厘米范围内，小雨后施，另外在 20 厘米处开小穴施硼酸 10 克；第三次在香蕉抽蕾半径 60 厘米范围内撒施石灰 200 克。

（2）**喷防氟剂** 防氟剂由多种药剂配成，每造香蕉喷 3 次，分别在 6 月初、香蕉把头时和香蕉套袋后喷施。

（十一）国内少见的病害

1. 黑叶斑病（Black Sigatoka） 病症与黄叶斑病相似，上部叶片出现暗褐色条斑，开始时 1～2 毫米长条斑，逐渐加大，边缘带有黄晕，中间灰色，呈棒状斑块。感病叶片很快黄化干枯。黑叶斑病较黄叶斑病严重，黑叶斑病可出现在新叶，能使植株减产 50％ 和未饱满果实在树上黄熟。抗黄叶斑病的品种如 AAB 组龙牙亦可能感染蕉黑叶斑病。该病是许多香蕉主产国的头号香蕉病害。国外商业种植园为防治黑叶斑病，香蕉园周年喷药多达 40 次以上。黑叶斑病的病原菌为真菌 *Mycosphaerella fijiensis* Morelet。

防治对策：加强种源检疫；加强病害的预测预报；合理喷药剂，如黄叶斑病；抗病育种，选抗病品种；选用组培苗，年年新种；经常轮作其他作物。

2. 香蕉血病（Banana blood disease） 香蕉血病是一种细菌性枯萎病，最早报道于 80 年前印度尼西亚的苏拉威西岛南部。此病常见于 ABB 和 BBB 类，其他组也有感染。其症状类似马可病（Moko），不同的生长阶段及传染路径不同，完全伸展叶片明显变黄，叶基部垮掉，吊在植株周围，新叶不再抽生，吸芽也逐步凋萎。切开假茎可见红色汁液。有时感染没有规律，吸芽可能结果，感病幼果会变色、腐烂。昆虫传播可能会加快病害传播。病原菌是一种细菌 *Pseudomonas solanacearum* Celebense。

3. 香蕉巴托病（Bugtok disease of banana） 巴托病是菲律宾煮食蕉类广泛传播的一种病害，巴托是菲律宾南部方言，意思是熟后变色，硬心。已发现 40 多年，最早是在 1965 年报道。病原研究是在 1990 年时得出结果。病原菌为 *Pseudomonas solanacearum* E. F. Smith。从感病的雄花中提取流出的乳汁可以分离出细菌，也可以从白色到黄色的菌脓中分离出细菌。细菌是革兰氏阴性秆菌。

在普通人眼中，巴托病感染的病株是正常的，叶片青绿，果实发育正常，但是雄花苞干及松散，这是唯一的外观症状。内部可见果实变黑褐色，果轴及假茎、有时球茎也变色。该病主要是感染含有 B 型染色体的香蕉，主要由昆虫传病，可能是蓟马。

防治对策：选无病种植材料，抽蕾后套袋，喷杀虫剂除虫。

4. 香蕉苞片花斑病（Banana bract mosaic virus） 香蕉花苞花斑病最早是在菲律宾棉兰老岛的达哇发现，很快印度、斯里兰卡、越南、西萨摩亚也发现该病。

病源菌是香蕉花苞花斑病毒，可由几种蚜虫传播，种植材料吸芽及试管组培苗也可传病。最明显的病症是在花苞上有红褐色梭状条斑。初期症状在叶柄及叶片有条状或梭状绿色或红褐色斑块。

叶片症状有时出现有时不出现，主要是新叶出现症状，出现条状或梭状与叶脉平行的斑块，果轴也会出现。

5. 香蕉穿孔线虫 香蕉穿孔线虫（*Radopholus similis*）是热带地区香蕉最重要的根部病害。由于用球茎及吸芽繁殖，使该病传遍除中国以外的世界各地主要香蕉产区。对出口品种的香牙蕉类危害尤为严重。该线虫在 24～32℃ 较活跃，最适温度为27℃。低于 16℃ 和高于 33℃ 就不能繁殖。在根或球茎组织中的生命周期为 20～25 天。幼龄和成龄的线虫较活跃，会从一条根系侵入。穿过后再侵入第二条根，受伤的根组织会受真菌和细菌的再感染，进一步使根系遭到破坏，根系对水分和养分的吸收减少，植株生长受阻，从而使受害植株产生衰退现象，严重的会导致植株枯萎而死。由于根系对土壤的支持力减弱，使植株很容易倒伏，造成失收。除危害香蕉外还可以危害其他一些果树、蔬菜、观赏植物和牧草等 244 种植物。

防治对策：香蕉穿孔线虫属我国一类有害生物检疫对象，从国外引种必须引进不带病虫的组培苗；选无线虫危害的新地及组培苗；选抗病品种如二倍体类 Pisang Jari Buaya（AA）和金手指（FHIA-01）；每年施杀线剂 2～3 次，交替使用，但杀线剂对环境有毒副作用；水旱轮作。

二、主要虫害

香蕉主要害虫有危害叶片的香蕉弄蝶幼虫、斜纹夜蛾幼虫、绿刺蛾幼虫、红蜘蛛；蛀食香蕉假茎、球茎的象鼻虫；吸食嫩叶、叶柄汁液并传播病毒的香蕉交脉蚜及其他蚜虫、香蕉网蝽、香蕉跳甲及刺吸幼果汁液产卵危害的蓟马，危害叶片幼果的褐足角胸叶甲等。

（一）香蕉假茎象鼻虫

1. 危害症状　该虫属鞘翅目，象鼻科，主要以幼虫蛀食假茎、叶柄、花轴，形成纵横交错的虫道，虫道四周组织坏死，影响植株生长，受害株叶片寿命短，青叶少，茎秆纤细，产量低，容易受风害，倒折。幼虫侵食到植株生长点时，会杀死植株。

2. 形态特征　成虫有大黑形和双带型 2 种，前者黑色，后者体红褐色，前胸背板两侧有 2 条黑色纵带纹。成虫体长 11～13 毫米，长筒形，头部延伸成筒状略向下弯，形似象鼻而得名。

翅 2 对，鞘翅有肩，具明亮光泽，后翅膜质。卵白色长圆形，
1.5 毫米长。幼虫头赤褐色，身体白色，肥大无足多横皱。离
蛹，乳白色，长 16 毫米。

3. 生活习性 成虫喜在潮湿茎中生活，夜间活动。成虫也
常栖息在假茎与叶柄交汇处，成虫有假死性，高湿夜晚可短距离
迁飞，寿命长达 200 天以上。成虫产卵于叶鞘组织的空格，通常
每格只产 1 粒卵，产卵处叶鞘表层流出胶质黏液，低龄幼虫蛀食
中心嫩部，老熟幼虫多蛀食到表层叶鞘作茧化蛹。该虫在华南地
区年发生 4～6 代，世代重叠，4～5 月、9～10 月份是成虫发生
的 2 个高峰期，冬季各种虫态均可越冬。

4. 防治方法

（1）采用健康无虫害组培苗，种植前彻底清园。

（2）经常圈蕉，清园，挖除旧头，切开假茎暴晒，集中烧
毁，钩杀蛀道内的幼虫。

（3）每年 4～5 月、9～10 月份喷洒巴丹、杀虫双、乐斯本
800～1 000 倍液于假茎、把头。

（二）香蕉球茎象鼻虫

1. 危害症状 该虫属鞘翅目，象虫科。以幼虫蛀食香蕉球
茎，在球茎内形成纵横交错的虫道，虫道四周组织坏死。被害植
株的叶片卷缩，变小，枯叶多，生长停滞，抽不出蕾甚至死亡。

2. 形态特征 成虫体长 1 厘米，黑褐色，外壳具蜡质光泽，
密布刻点，前胸中央有 1 条光滑无刻点的纵带，第三跗足不呈扇
形，其他形态和虫态近似假茎象鼻虫。但体型略小。

3. 生活习性 该虫在华南可发生 4 代，世代重叠。成长的
幼虫化蛹、羽化成成虫。成虫或居于蛀道中，夜间爬出活动；或
群聚于受害蕉茎近根处的干枯叶鞘中。成虫咬伤植株后产卵，幼
虫从卵中孵化出来后蛀食球茎，幼株较成株易受害。

4. 防治方法

（1）选用经检疫无虫组培苗作繁殖材料；

（2）冬季清园，春季挖旧头，减少虫源；

（3）种植前穴施辛硫磷等长效内吸性杀虫剂防治。

（三）香蕉交脉蚜

香蕉交脉蚜又名香蕉黑蚜，属同翅目，蚜科。吸食植株汁液，传播香蕉束顶病毒。

1. 形态特征　成虫有翅或无翅。有翅蚜虫体长 1.3～1.7 毫米，棕色，翅脉附近有许多小黑点，经脉与中脉有段交会，因此得名。

2. 生活习性　该虫为孤雌生殖，卵胎生，若虫经 4 个龄期后变为有翅成虫。发育期短，一年能繁殖 20 代以上，繁殖代数与气候（温度、湿度、风和降雨）有关，栽培管理（间种、施钾肥、喷药和新旧园）有一定影响，冬季蚜虫躲在叶柄、球茎及根部越冬。春季蚜虫开始活动、繁殖，向上移动至嫩茎、叶柄基部、心叶及叶鞘内侧荫蔽处聚集危害。蚜虫以口器刺入幼嫩组织内，静止不动地吸食汁液，当吸食病株汁液后，一旦转移到另一株时就能把病毒传播给健康株。蚜虫除外界骚扰或植株死亡、风雨、昆虫等因素影响以外，很少移动。该蚜虫主要传播束顶病，花叶心腐病则许多蚜虫均能传播，如棉蚜、桃蚜、玉米蚜等。该蚜虫有趋黄性和趋萌性，长势差和荫蔽的香蕉发生较多，矮蕉较高蕉多，心叶较多，吸芽心叶较多。大蕉和粉蕉能少量繁殖，美人蕉、姜、芋头也能少量繁殖。

3. 防治方法

（1）采用不带病虫的组培苗；用除草剂杀死病株，喷杀蚜剂，防止蚜虫向四周迁移；

（2）夏秋季 15 天左右全园喷吡虫啉 2 000 倍液或辟蚜雾 1 500～2 000 倍液、70％艾美乐 15 000 倍液等杀蚜剂。重点喷吸芽心叶、幼株及成株的把头处。

（四）香蕉卷叶虫

1. 危害症状 香蕉卷叶虫也称香蕉弄蝶，属鳞翅目，弄蝶科。其幼虫孵化后爬至叶缘咬开一缺口，随即吐丝将叶片卷成筒状，并继续卷至中脉。危害严重的植株叶面积减少 90%，受害植株因叶面光合作用减少，生育期延长，以至严重减产。粉蕉、龙牙蕉、大蕉叶片危害严重。（彩图 1-33）

2. 形态特征 成虫体长 25～30 毫米，呈灰褐色或黑褐色。前翅中部有 3 个大小不一的黄色斑。卵红色，横径 2 毫米，馒头状，卵壳表面有放射状白色线纹。幼虫长 54～64 毫米，披白色蜡粉。头黑色，三角形，胴部一、二节细小如颈。蛹淡黄白色，被白粉，口吻伸展达虫腹末。

3. 生活习性 该虫在华南地区发生 4～5 代，以老熟幼虫在叶苞中越冬。6～9 月份严重危害叶片。成虫产卵于叶片上，幼虫卷食叶片成叶苞，老熟幼虫吐丝封闭苞口，并在苞内结茧化蛹。

4. 防治方法

（1）人工捕杀，用手或竹子打落叶苞，踩死；

（2）冬季清园，集中于叶片烧毁；

（3）用乐斯本、高效灭百可、农年丰等内吸性杀虫剂喷杀；也可用青虫菌、苏云金秆菌喷杀。

（五）香蕉花蓟马

1. 危害及发生 该虫极小，只有 0.5 毫米左右，全年发生，能飞能跳，现蕾后未开苞时，苞片内已有蓟马钻入。对果实的危害主要是在其上产卵，引起果皮组织增生、木栓化，后期呈凸起小黑点，影响果实外观、收购价及耐贮性。

2. 防治方法 抽蕾前、现蕾时喷杀虫剂，用乐斯本 1 000 倍液或 10% 吡虫啉 2 000 倍液、70% 艾美乐 15 000 倍液、1.8% 爱福丁乳油 2 000～3 000 倍液、5% 鱼藤酮乳油 1 000 倍喷雾。抽蕾中期及断蕾时再喷 1～2 次。国外的商业香蕉园是在香蕉露蕾尖时用特殊的注射器注射药剂防治。

（六）褐足角胸叶甲

1. 危害症状　该虫在云南、广西危害香蕉未展开的幼叶和刚出蕾的幼果。幼叶被成虫食后呈褐色干枯痕迹；或缺刻穿孔，严重的呈网状。幼果果皮被食后呈褐色干枯轨迹，严重的整个蕉果布满，外观极其难看，果实毫无经济价值。

2. 形态特征　属于鞘翅目，甲虫总科，肖叶甲科，角胸叶甲属小型甲虫。体形呈长椭圆形，体长 4～5 毫米，肩宽 2～3 毫米。头和胸黄褐色，复眼黑色，触角丝状，鞘翅蓝黑色有金属光泽，上有纵列小刻点，成虫鞘翅覆盖腹端，后翅发达，有飞翔能力；足基节、腿节黄褐色，后足发达善跳跃；成虫前胸背板两侧在基部之前明显凸起成尖角和盘区，密布深刻点。

3. 生活习性　该虫杂食性，危害禾本科、菊科、蔷薇科作物，玉米危害严重。幼虫在土壤危害植株根部，并化蛹羽化。一年发生多代。集中或单个在幼叶喇叭口内、苞片内隐蔽处取食，白天夜晚均能取食，能飞，善跳，有假死性。

4. 防治方法

（1）用 1.8% 阿维菌素 2 000 倍或 18% 杀虫双水剂 500 倍、30% 敌百虫乳油 500 倍、30% 毒死蜱甲维盐乳油＋蓝灵 40% 灭多威可湿性粉剂 750 倍、马拉硫磷 800 倍液集中喷撒叶面、灌心。

（2）清园，套袋防虫。

（3）生物防治用白僵菌、苏云秆菌处理土壤处理土壤；鸟、蚂蚁、步甲等捕食。

（七）香蕉其他害虫

1. 红蜘蛛　属螨类。虫体红色，只有 0.4 毫米左右，在叶背吸食细胞汁液，多发时叶片褪绿，寿命缩短，很快干枯，7～11月份高温季节发生多，有时每片叶多达千只。

防治方法：红蜘蛛有许多天敌，一般形成危害的机会并不大，当危害严重时用杀螨剂如杀虫脒、三氯杀螨醇1 500～2 000倍液，加增效助剂，均匀喷洒叶背即可杀死。

2. 蝗虫　体大、食量大，能飞跳。咬食嫩筒叶和幼果，使受害叶片残缺不全，受害果实产生伤疤，严重的失去商品价值。一般4～11月份发生多，靠近杂草的坡地、山地蕉园较多见。

防治方法：可喷乐斯本1 000～1 500倍液或鱼藤精80％液等防治。

3. 金龟子　成虫吃食蕉叶，幼虫（蛴螬）在地下吃蕉根，4～6月份危害，沙质地较多见。

防治方法：成虫可于傍晚喷50％巴丹1 500倍液或20％速灭杀丁乳油2 500倍液、其他胃毒杀虫剂。幼虫可于根区撒适量辛硫磷、地虫灵等。

4. 斜纹夜蛾　又名莲纹夜蛾、斜纹夜盗蛾，属鳞翅目夜蛾科，是一种杂食性和暴食性害虫，寄主植物达100科300多种植物。为喜温性害虫，各虫态生长发育适温为28～30℃，在33～40℃高温下生活也基本正常，以幼虫危害植物叶片、花蕾及果实。该虫在我区终年均可发生，无越冬现象，每年发生8～9代，以6～9月份危害最重。

幼虫体长可达50毫米，白天匿藏于荫蔽处，夜间咬食苗期幼嫩新叶，尤其是组培苗种植的幼株，使叶片残缺不全，甚至把心叶全吃光。白天常逃走，潜伏在土缝中。成虫夜晚活动，飞翔能力较强，有趋光性和趋化性，对糖、醋、酒等发酵物敏感。

防治方法：用杀虫剂如乙酰甲胺磷或乐斯本、5％鱼藤酮乳油、1.3％农年丰、米满等标定浓度，于傍晚或清早喷洒植株，即可将幼虫杀死；在发现虫的叶片人工捕捉，清卵块；点诱蛾灯杀成虫；清园及短时间浸水；糖、醋诱杀，糖：醋：酒：水＝

3：4：1：2，加少量杀虫剂诱杀成虫。

5. 香蕉毛虫　身体灰黑色，披黑色。主要咬食叶片和叶柄，食量较大，发生量多时危害不轻，也影响田间操作。一般 6～11 月份发生多。

防治方法：可喷洒乙酰甲胺磷、乐斯本 1 500 倍液杀死幼虫。

6. 黄条跳甲　俗称狗虱虫。属鞘翅目，叶甲科。成虫咬食叶片，形成无数小孔，影响光合作用。幼虫蛀食根部，还可以传播细菌性病害。成虫为体长 3 毫米的硬壳小甲虫，鞘翅上各有 1 条黄色纵斑。在广州地区一年发生 7～8 代。成虫在茎叶、杂草中过冬。4～5 月份危害最严重。

防治方法：清园、深翻晒土；轮作水稻；化学防治，如乐斯本、米满等标定浓度，于傍晚喷洒植株即可杀死。

第六节　香蕉采收与运销

采收、包装、上市是实现种植香蕉经济效益的关键环节。俗话说：种得好不如卖得好。

一、适时采收

(一)采收期确定

香蕉是后熟型水果，只要果实有果肉都可以采收、催熟，都能吃，但产量和品质较差。一般七成饱满度（熟度）以上就能收获，但不能等到黄熟时才采收。确定采收期有以下几种方法：

1. 目测法　果实棱角明显，但果身已近丰满，为七成熟度；果实棱角仍可见，果身已饱满，为八成熟度；果实棱角模糊，果身圆满，为九成以上熟度。目前，国内采收均用此标准凭经验判断。6～10 月份收获的香蕉，北运宜采用七成至八成熟度；10 月份以后用八成以上熟度。本地销售的香蕉一般都要九成以上熟度。粉蕉多在本地销，须留到果指变圆满，果棱完全消失才采收。国外有一种卡尺测第二梳中间果达到标准（常常是 2.5 厘米）即可以收获。

2. 记日法　5～6 月份现蕾，在管理良好的条件下经 80～95 天可收获，条件较差如水分供应不足、叶片少或冬天，则要 120 天。根据蕉农的经验，夏季断蕾 60～70 天可达 7～8 成熟度。商业种植园采用在果穗断蕾套袋时在果穗或假茎做标志，如绑扎不同颜色的绳子、刻日期、假茎写断蕾套袋批号，然后根据不同颜色标志计算采收期，误差不超过一周。菲律宾一般是断蕾 11 周就收获。如果叶片、水分等因素会影响饱满度，虽然到时间，但饱满度不够，不收获还是容易引起果穗黄熟。（彩图 1-34）

3. 特殊处理　在台风、霜冻、强对流天气到来前，对可以采收的香蕉果穗（饱满度达 65％）都应该采收，以免植株倒在地里或削价处理，甚至失收。另外，灾害过后也是香蕉价格的暴跌期。原因一是受灾后香蕉总体质量下降；二是过于集中上市，市场难以消化，导致价格下跌。

4. 粉蕉成熟判断　粉蕉生长较慢，挂果期长，夏天断蕾 80 天以上才饱满，冬天达 170 天。头梳周长 13 厘米、尾梳 12 厘米时可以收获。粉蕉的市场主要是在珠江三角洲，当地收获九成到十成熟度的粉蕉，常常看到果穗果指非常密集，基本插不进手握果轴，尾梳果指被挤得向下生长，头梳周长 15 厘米。但是在海南、广西、湛江等地，收获八至九成熟度的粉蕉。

5. 贡蕉、海贡蕉成熟判断　贡蕉、海贡蕉由于生长非常快，一天一变。高温季节断蕾约 25 天可以收获。头梳周长 12 厘米、尾梳 10 厘米时可以收获。夏季断蕾做标志应该 5 天一换，收获也是 3～5 天一换，否则黄熟，裂果。果身饱满、果顶较钝就有八至九成熟度，此时必须收获。如果青叶数达到 10 片以上，饱满的速度更快。

6. 大蕉成熟判断 大蕉生长较慢，挂果期长，夏天断蕾 80 天以上才饱满，冬天达 150 天。头梳周长 16 厘米、尾梳 14 厘米可以收获。大蕉的市场主要是在珠江三角洲，当地收获九成到十成熟度的大蕉，越大越好。大蕉成熟还有一个重要特征，即果皮龟裂，起褐斑。应在这两个特征出现之前采收。

香蕉的采收时间应该根据品种、气候、市场要求、传统节日、运输条件决定。在质量、饱满度、价格都适合当地收购市场、终端批发市场的时候就要采收，所谓"该出手时就出手"，既要有相关的市场信息，又要有耐心和良好的判断。

（二）采收注意事项

采收是香蕉栽培作业最后也是最重要的环节，直接影响到果实的质量、产量及经济效益。原则是要尽量避免操作机械损伤。

采收时间选择在清早至上午 10 时前砍蕉，蕉果的温度较低。高温采收，果实不耐储运。雨天操作不便，不宜收蕉，虽然雨天水分多，果穗会相对重一点。采收前应该控制水、肥，炼果，提高品质和耐储运性。

采收前要求先把果穗套袋翻出，计算可收获的株数，安排收蕉，再把薄膜袋、珍珠棉、报纸扒下，卷成条，垫在果梳中间，这叫垫把，防止果穗运输机械伤。

矮蕉收获时单人操作即可，一只手抓紧果穗轴中部，另一只手用刀把果轴砍下。然后把果穗倒立靠在蕉树上。砍轴的位置一般在第一梳果指尖向上 5 厘米的果轴处，倒立时不会刮到果指。

中高蕉须两人配合，一人先把假茎砍倾斜，再把果轴砍断由另一人接住，置于有软垫的肩上托到包装场；或用绳子绑住尾梳果轴挑到包装场。现在农村和部分农场蕉农也用拖拉机、摩托车运蕉，但必须垫很多香蕉叶片、海绵和毛毯，不然机械伤非常多。商业化的香蕉园常用索道、平板拖车、担架床、海绵垫肩扛、人工挑运输果穗。采收运输过程中，套果穗的薄膜袋不要撕烂，可以保护果实免遭擦伤。市场有要求的还要先垫把再砍蕉。非洲的一些香蕉园则是在树上直接从尾梳开始脱梳，放到海绵担架上，然后用专用单架车运输到加工包装场。澳大利亚的蕉农发明了田间包装的拖车、砍蕉机器，基本不用搬运，直接落梳粗包装，回到包装场再入纸箱。（彩图1-35，彩图1-36，彩图1-37）

（三）采后植株处理

采收后一般把剩余青叶及把头砍掉，以免叶斑病、黑星病残留。没有病害的品种（粉蕉、海贡蕉、大蕉）只砍落叶即可。冬天砍蕉，有时留下旧叶遮挡霜冻；如果不需要宿根，则在基部砍倒；宿根的则留高假茎作为营养回输球茎供应下一代芽生长；也可留叶推迟留芽。海南部分留芽蕉园是砍蕉1~2个月后，才挖掉所有的芽，重新留长出的芽。海贡蕉、大蕉等品种要留芽，助攻芽快长，在砍蕉时留茎，只砍掉叶柄，留顶部四片叶中的一片，使假茎缓慢腐烂，营养回输到球茎，促进吸芽快速生长。采收后，竹竿、木桩回收保管，或把竹竿、木桩倒立在原来位置，下茬再用。

（四）采收流程

香蕉挂果期根据不同种类、季节和市场采收的成熟度不同，成熟度七成到十成（粉蕉）均可收获，催熟后食用品质也不受影响。海贡蕉、贡蕉夏季断蕾25天可收，粉蕉冬季180天以上才收获。根据果穗断蕾日期，绑扎不同颜色的绳子，推算套袋时间，到期的果穗撕开袋，统计可收获穗数（彩图1-38）；安排客商、运蕉个人以及岗位工人收获。流动的采收包装流程：垫把→砍蕉→运蕉→包装场的存蕉场→开梳→洗蕉→挑选分级→配蕉过磅→装箱→抽真空封箱→装车。（彩图1-39至彩图1-46）

短途条蕉采收包装流程：垫把→采下的果穗→挑蕉→包装场

磅台→剔除次蕉→切轴和尾→过磅→装箱→装车。

二、包装

　　蕉果被运到包装场的存蕉点后，最好将果穗倒置，果指向下靠着堆放。周围的墙上应有海绵或珍珠棉、薄膜护边，以减少机械伤。头梳果向内，并稍向内倾斜，避免果穗倒塌。果穗切忌打横堆放，互相压伤。流动包装点的存放点（棚）必须用 2～3 层黑网遮阴，旁边栏杆绑上珍珠棉避免擦伤果皮。存放时间不宜超过 3 小时，特别是夏天。

　　目前，国内产区收购香蕉有三种包装方法，即整穗装车法、单梳装车法、纸箱包装。

（一）整穗装车法

　　也叫条蕉运输。这种方法适于 24～48 小时运输，行程 1 000～2 000 千米，可运到湖北、安徽、江苏。运输条蕉的汽车是香蕉运输专用车，装运效率比较高，包装材料（毛毯、海绵）可以重复利用数十次，成本比较低，也环保。

　　1. 砍果穗 采收前，先在树上把香蕉果穗垫梳把，把果梳间的缝隙用珍珠棉薄膜等塞满，套上新薄膜袋再砍果穗。果穗不落地就挑到包装场过磅，然后上车包装。用无纺布塑型袋套果穗的可以不垫梳。

　　2. 装车 装车有两种包装方法：

　　（1）先在车厢底层及四周垫香蕉青叶片或假茎、毛毯等缓冲材料，接着每穗果套薄膜袋后，再包裹一张毛毯，横放。果穗必须紧靠，不能有松动；果穗横排；果穗间隔塑料薄膜，并塞满空隙，以免互相摩擦、摇晃造成机械伤。再铺上几层蕉叶或毛毯，如此一层一层叠满车厢。

　　（2）每一穗香蕉包裹一条毛毯竖立起来，再铺上几层蕉叶、

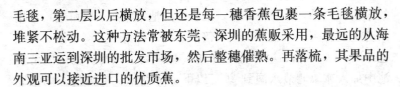

毛毯，第二层以后横放，但还是每一穗香蕉包裹一条毛毯横放，堆紧不松动。这种方法常被东莞、深圳的蕉贩采用，最远的从海南三亚运到深圳的批发市场，然后整穗催熟。再落梳，其果品的外观可以接近进口的优质蕉。

（二）单梳装车法

也叫片蕉包装。先在货车车厢四周及底部垫香蕉叶、假茎、塑料膜、海绵及毛毯作缓冲材料，然后把落梳的香蕉按大梳在下，小梳在上的顺序叠起 11 层，高约 170 厘米。这种运输方法适于耗时 30 小时左右的运输距离，距离可达 1 500 千米，但机械伤较多，装车慢，现在很少采用。

（三）纸箱包装

是中高档香蕉的包装方法。可以减少包装的机械伤，易于装运，包装箱还可以再利用。整箱果净重（规格）12.5、16、19、20 千克，不同的市场要求不同。装蕉果的纸箱一般是在旁边及上边开孔，天地盖瓦楞纸箱，内衬塑料薄膜袋或珍珠棉。装果时根据空间调节大小果梳，12.5 千克箱理想的果梳是 3～4 梳/箱。纸箱包装的流程是：果穗分梳→止乳汁水池（含明矾）→清洗池洗果除花→剔除劣果分级→称重（要求每箱 4～6 梳，太大或太小都要剔除）→浸泡或喷保鲜剂（有时此步骤省略）→风干→装箱→抽真空密封（有时此步骤省略，部分蕉贩认为抽真空使果皮保持较鲜艳颜色）→打包封箱→预冷→入库或装车。这种包装方法正逐步取代粗放的包装方法，成为主要包装方法。

过去夏季高温长途运输时，常在纸箱及箩筐中放入乙烯吸收剂。乙烯吸收剂用珍珠岩或蛭石吸附饱和高锰酸钾溶液，烘干后，再装入打孔的塑料薄膜袋中，每袋 20 克左右。然后用特制的月牙形落梳刀进行落梳，注意切口要整齐。分梳后的蕉果放入水中洗涤（洗去灰尘、果指尾部的干蕉花及乳汁），挑出不合格的果指和烂果,并进行分级。二级清洗池常常放入保鲜剂,常用的防腐剂有45%特克多1 000倍液、25%扑海因250倍液、真绿色800～1 200倍、甲基托布津等。有时为了预冷,在二级清洗池中加入冰块调节水温到20℃以下,降低果实的温度。内销北运果可浸入防腐剂30秒,切口处要重点浸泡,浸完后晾干包装。大型包装场有时用电动旋转轮盘或包装线,配备大马力风扇风干蕉果,以加快工作效率。

在小规模采收优质香蕉时也可以采用就地、就近加工方法。其包装线流程(图1-2):采下果穗→挑蕉→包装场存蕉场→分梳→清洗→过磅→装箱→抽真空→封箱→装车。注意减少采后运输及包装场多环节操作造成机械伤,减少因包装过程造成的次品。

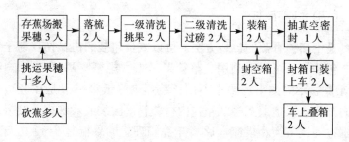

图1-2　流动包装流程及人员配置图

三、运输

过去香蕉运输是火车,现在90%都是汽车运输,灵活,方便,快捷。从海南到深圳1天,到北京也就是3～4天时间,从广州到哈尔滨约5～6天。从产地到批发市场的汽车运费约0.5～1.5元/千克。

春、夏、秋季要求快装、快运,留一定的通风道散热。顶部遮阳防雨。冬季在车厢底板垫衬10厘米厚的稻草或毛毯、棉胎,四壁和顶部用棉胎覆盖保温。

海南现在也有船运，其中冷柜船运，从洋浦港运到天津港的时间约 13 天，运费比汽车稍贵一点，但冷柜船运的香蕉质量稍好，货架期稍长。常常用来躲避价格低潮，起贮藏作用。

菲律宾等香蕉出口贸易的国家全部是用香蕉专运船，每船22 万～30 万箱，13.5 千克/箱。每箱从菲律宾棉兰老岛达沃到上海仅 1～1.5 美元，运费也不高，7～10 天可以运到。

四、贮藏

香蕉无固定的物候期，一年四季均有收获。但由于我国大部分香蕉产区处于亚热带地区，冬季低温影响香蕉正常生长，造成收获期不均匀，影响价格。在广东，9～12 月份是香蕉收获旺季，此时其他水果也冲满市场，价格低；而 2～5 月份是水果淡季，香蕉产量低，价格高。可见利用冬季低温贮藏香蕉应有利可图。部分香蕉收购商在北方利用地窖、防空洞 15℃左右的低温贮藏香蕉，调节市场供应，平抑市场价格。

香蕉贮藏要做好防腐、控制乙烯和降温（即贮藏三要素）。防腐，是利用化学药剂防止各种真菌性及细菌性贮藏病害，比如特克多、扑海因。控制乙烯，是利用乙烯吸收剂（高锰酸钾）吸收蕉果呼吸产生的乙烯气体，以免催熟香蕉。降温，是要求调节温度到 12～13℃，11℃以下容易发生冷害，而 15℃以上会使香蕉逐渐变软变黄。

香蕉贮藏的操作流程：采收→落梳→洗果→分级→浸药→包装＋乙烯吸收剂→密封，常温或低温贮藏。

五、催熟

香蕉在树上或采后均能自然成熟，但成熟不一致，果指青黄不一，风味差，影响商品价值，故一般采后用人工催熟。

催熟就是利用乙烯刺激香蕉的呼吸作用，产生呼吸高峰，使大部分淀粉降解为可溶性糖，单宁也被分解成芳香物质及果酸，使果肉由硬变软，味由涩变香甜、可口，果皮由绿转黄。香蕉成熟分为七个阶段：①绿有极少黄；②绿多于黄；③黄多于绿；④只有果柄及果颈绿；⑤全黄；⑥全黄有梅花点；⑦梅花点满布果皮及脱柄。货架期从③黄多于绿到⑥全黄有梅花点。

传统的催熟方法是点燃线香密封熏 24 小时。数量少时可用水果、树叶、大米一起密封催熟。印度尼西亚的蕉农点燃茅草用烟熏 24 小时。

乙烯催熟法是用乙烯利或乙烯气体催熟蕉果。用 40％乙烯利 450～750 毫克/千克溶液浸果或喷果，然后密封。温度 15～20℃，高于 24℃果皮中的叶绿素无法分解为胡萝卜素及叶黄素而转黄（龙牙蕉、大蕉类型转黄则不受温度影响）。相对湿度要求前 3 天 90％～95％，后 2 天 80％～85％，成熟过程 5～6 天为宜。温度高、乙烯利浓度高虽可提前催熟蕉果，但蕉果货架期缩短，且易脱柄。

大型的催熟果房采用乙烯气体催熟香蕉，气体浓度 200～500 毫克/千克，密封 24 小时后换气。温湿度要求同乙烯利催熟法一样。乙烯气体可用乙炔石、电石加水反应产生，也可由乙烯发生器用乙烯利或酒精产生。用乙烯气体时应注意安全，空气中乙烯浓度达 3％左右时易发生爆炸。

六、香蕉市场

香蕉的价值最终体现在市场销售环节。香蕉市场包括产区本地收购市场和终端零售批发市场。

（一）收购市场

产区本地收购市场可以是固定的收购站，也可以由流动的收购商组成。

固定的收购站（简称蕉站），主要是收购散户种植的香蕉，由于香蕉来源于千家万户，质量参差不齐。价格比较低。收购店铺下面还有一批流动的二级收购商，或称小贩。过去蕉站一直是收购市场的主力军。广州万顷沙镇在高峰期的 2002 年有香蕉 1 万公顷，收购站达 173 家。东莞市麻涌镇的香蕉收购点也达 300 户。高州目前的香蕉专业镇的公路边也布满香蕉收购站点，购销人员多达 4 万人。广西钦州收购网点多达 2 200 多个，营销人员多达 1.6 万人。收购站收购香蕉的规矩习惯各地不同。粤中地区和徐闻是不及格的果和果梳剔除（一般留 7～8 梳果的果穗不剔除尾梳，头梳多于 14 个果也不剔除），实称多少斤按多少斤计算。粤东地区是不及格的果和果梳剔除，每穗除 0.5 千克重量计算。粤西地区是不及格的果和果梳剔除（尾梳一般被剔除，但收购商收回做次果卖），每穗扣除 10％～25％果轴的重量计算。海南的蕉站一般每穗扣除 12％～15％果轴。流动收购的小贩一般有 10％～20％的收购差价。

我国虽然已经制定了有关香蕉的果实分级标准，但在收蕉过程中基本没有采用，而是根据当时当地的香蕉果实生长发育情况来确定。主要的指标是皮色、果条长短、整齐度以及运输的机械伤。冬季对果长要求低些，但皮色要求高。果皮是否受冷害非常关键，价格常常相差 50％。所以套袋防寒非常关键。一般来说，夏天收购价除了与机械伤、皮色、整齐度有关外，主要是看果指长短。头梳 28 厘米、尾梳 20 厘米的果穗可以卖得好价钱。

直接收购商是直接到田头收蕉，减少收购环节、收购成本和收购包装时间。这是大公司做品牌香蕉采用的方法。收购商一般在当地找一个代理商（经纪人、代办），包装队即可以采收。程序：①由代理商与收购商去巡查本地蕉园；②选择果品质量（包括果穗、果指、饱满度、套袋、皮色、株产、叶片数、病虫等指标）和价格适合自己市场需求的香蕉园；其中皮色要求比较高，淡绿皮色催熟后鲜绿，春季主要看是否冻蕉（撕开皮看果皮的微管束是否变褐色），株产要求在当地处于中上水平，穗形比较接近圆挂型，收获青叶数比较关键，关系到果实的耐贮性和货架期；春夏蕉至少6片完整叶（如病叶要8片），秋冬蕉至少8片完整叶；③提出采收的质量标准（果指、果穗、运蕉挑蕉、包装）和报价给香蕉园主；④提出具体的时间和采收量及交易过程具体需要配合的环节；⑤实施采收作业，挑运蕉到包装场；⑥包装作业，包括条蕉和箱蕉；⑦运到目的市场。广东的许多产地和零售两端市场采用这种直接在田头收蕉的方法，条蕉包装质量比较保证、效率高。收购条蕉包装，节约包装材料，运输成本也低。

（二）终端批发零售市场

1. 交易　香蕉运输到终端零售的批发市场后，有的直接批发生蕉，有的先进冷藏库或催熟房催熟后才批发。许多直接收购商均有催熟房，批发熟蕉。批发市场也可以替香蕉园主代销、代批生熟蕉，代理费约 0.04～0.05 元/千克。催熟蕉代理费约 0.2～0.25 元/千克。贡蕉的代理费比较高约 0.3～0.5 元/千克。交易的价格根据市场的行情（供求关系）而定，当然品质和包装可以提高香蕉的竞争力。一般整车香蕉要在一天内交易完毕，否则会被压价。

2. 国内部分批发市场

（1）北京新发地农产品批发市场；北京八里桥农产品批发市场；北京大羊路农产品批发市场；

（2）天津金钟果品市场；天津红旗农贸批发市场；天津果品中心批发市场；天津王兰庄果品市场；

（3）河北廊坊果品市场；

（4）大连双兴果品市场；沈阳盛发农产品市场；秦皇岛东港市场；

（5）哈尔滨哈达农产品市场；

（6）上海江桥农产品市场；上海果品公司关桥水果批发市场；上海农产品中心批发市场；

（7）济南市堤口路果品批发市场；山东寿光农产品市场；青岛城阳批发市场；青岛华中蔬菜批发市场；

（8）广州江南果菜批发市场；广州海珠区永兴香蕉批发部；东莞市虎门富民农副产品批发市场；东莞市信立农产品贸易城；佛山江南水果批发市场；深圳市布吉农产品市场；深圳市宝安农产品市场；

（9）南昌市深圳农产品交易市场；

（10）江苏凌家塘农产品市场；徐州农产品市场；

（11）福州干鲜果品公司；厦门果品公司汇联果品批发部；

（12）重庆菜园坝果品批发市场；

（13）合肥市周谷堆农产品批发市场；

（14）成都市果品公司；

（15）长沙红星农产品市场；

（16）太原市河西综合批发市场；

（17）郑州刘庄农产品市场；

（18）浙江杭州果品公司艮山批发市场；宁波海田果品批发市场；金华农产品批发市场；

（19）新疆北园春市场；

（20）兰州西站果菜副食品批发市场；甘肃兰州张苏滩瓜果批发市场；

（以上市场名录根据香蕉收购商、销售商及松际农网提供，具体市场销售情况需进一步核实）

3. 价格咨询　香蕉的价格咨询主要通过电话咨询相邻的香蕉园、当地相关代理商以及终端市场的价格，也可以通过网上查询。

即时香蕉市场价格网上查询网站：

中国农业信息网 www. agri. gov. cn/pfsc/index. htm

松际农网：www. 99sj. com

海南农业信息网：www. hiagri. gov. cn

附录1-1 香蕉生长阶段工作历

1. 香牙蕉类（巴西蕉、威廉斯等）

生长阶段叶龄	定植前	幼苗定植～20叶	20叶中苗	20～32叶大苗	32叶以后花前期	抽蕾期	挂果期	采收采后
园地管理	建园、消毒植穴、施基肥	淋水、盖草、防虫	排灌、施肥、除草	排灌、施肥、除草	排灌、施大肥、除草、培土	排灌、施肥、除草、立桩、培土	排灌、施肥、采前控肥水、培土	清园、留芽、排灌、除草、
植株管理		补苗	补变异苗、除芽	除芽、立秆	留除芽、立秆	留除芽、立桩、果穗管理	翻袋检查、留除芽	翻袋、计数、采收、除留芽、回收木桩

2. 粉蕉类（广粉1号粉蕉、金粉1号粉蕉、粉杂1号粉蕉等）

生长阶段叶龄	定植前	幼苗定植～20叶	20～28叶中苗	28～40叶大苗	40叶以后花前期	抽蕾期	挂果期	采收采后
园地管理	建园、消毒植穴、施基肥	淋水、盖草、防虫、	排灌、施肥、除草	排灌、施肥、除草、清园	排灌、施大肥、除草、培土	排灌、施肥、除草、立桩、培土	排灌、施肥、采前控肥水、培土	清园、留芽、排灌、除草、
植株管理		补苗	补变异苗、除芽	除芽、立秆	留除芽、立秆	留除芽、立桩、果穗管理	果穗检查、留除芽	计数、采收、除留芽、回收木桩

3. 贡蕉类（皇帝蕉、抗病海贡蕉等）

生长阶段叶龄	定植前	幼苗定植～15叶	15叶中苗	16～23叶大苗	23叶以后花前期	抽蕾期	挂果期	采收采后

（续）

园地管理	建园、消毒植穴、施基肥	淋水、盖草、防虫	排灌、施肥、除草	排灌、施肥、除草、清园	排灌、施大肥、除草、培土	排灌、施肥、除草、立桩、培土	排灌、施肥、采前控肥水、培土	清园、留芽、排灌、除草、
植株管理		补苗	补变异苗、除芽	除芽	留除芽、立秆	留除芽、立桩、果穗管理	翻袋检查、留除芽	翻袋、计数、采收、除留芽、回收木桩

附录1-2　香蕉栽培周年工作历

月份	生长情况	工作内容	病虫防治
1	春蕉抽蕾挂果,生长停止	新植备耕,冬植,果穗管理,防寒,施过冬肥,收获,排灌,挖病株	象甲
2	春蕉抽蕾挂果,生长缓慢、生长缓慢	新植备耕,冬春植,果穗管理,防寒,施冬肥,松土,收获,排灌	象甲
3	春蕉抽蕾挂果,生长恢复	新植备耕,春植,果穗管理,防寒,施回暖肥,松土,收获,清园,排灌	象甲、叶斑病、黑星病、蚜虫、花蓟马
4	春蕉挂果,生长恢复	春植,补苗,果穗管理,防寒,施追肥,松土,收获,清园,排灌	叶斑病、黑星病、蚜虫、花蓟马、斜纹夜蛾、地下害虫
5	新植生长迅速,夏植抽蕾	果穗管理,防寒,施追肥,松土,收获;排灌,挖沟,培土,除草,防风,留除芽;挖病株	叶斑病、黑星病、蚜虫、卷叶虫、花蓟马、斜纹夜蛾、地下害虫
6	生长旺盛,夏植抽蕾	夏植,补苗,果穗管理,施追肥,松土;收获,排灌,挖沟,培土,除草,留除芽;防风	叶斑病、黑星病、蚜虫、卷叶虫、花蓟马、斜纹夜蛾、地下害虫
7	生长旺盛,秋植抽蕾	夏秋植,补苗,果穗管理,施追肥,收获;排灌,除草,除芽,防风,留除芽,清园	叶斑病、黑星病、蚜虫、卷叶虫、花蓟马、斜纹夜蛾、炭疽病、冠腐病
8	生长旺盛,冬植抽蕾	秋植,补苗,果穗管理,施追肥,收获;排灌,挖沟,培土,除草,留除芽;防风,留芽	叶斑病、黑星病、蚜虫、卷叶虫、花蓟马、炭疽病、冠腐病

（续）

月份	生长情况	工作内容	病虫防治
9	生长旺盛,冬春植抽蕾	秋植,补苗,果穗管理,施追肥;收获,排灌,除草,除芽,防风	叶斑病、黑星病、蚜虫、卷叶虫、炭疽病、花蓟马、冠腐病
10	生长减缓,春植抽蕾	秋植,补苗,果穗管理,施追肥,松土;收获,排灌	叶斑病、黑星病、蚜虫、花蓟马、卷叶虫、炭疽病、冠腐病
11	生长减缓,春夏植抽蕾	冬植,果穗管理,施追肥,松土;收获,排灌,挖病株	叶斑病、黑星病、蚜虫、花蓟马、卷叶虫
12	生长近停滞,春夏植抽蕾	冬植,补苗,果穗管理,施冬基肥,松土,收获,排灌,挖病株	象甲

附录1-3　蕉园主要病虫害防治月历

月份	1	2	3	4	5	6	7	8	9	10	11	12
病虫害防治时期					枯　萎　病							
			花叶心腐病、斜纹夜蛾									
				束顶病								
					叶斑病、黑星病							
	假茎象鼻虫									假茎象鼻虫		
		球茎象鼻虫、地下害虫								球茎象鼻虫		
				花蓟马					花蓟马			
	卷叶虫				卷叶虫							卷叶虫
			跳甲					跳甲				
						红蜘蛛						

附录1-4　香蕉生长阶段主要病虫害发生简表

生长阶段	苗圃	幼苗定植中苗	20片叶中苗	20~32片叶大苗	32~38片叶花前期	抽蕾期	挂果期	采收采后
	枯萎病							
				叶斑病、黑星病				
			卷叶虫					
	蚜虫、卷叶蛾				蓟马			
				跳甲				
	叶瘟病		象鼻虫			象鼻虫	象鼻虫	炭疽病

附录1-5　香蕉病虫害化学防治用药简表

病虫害	药名	稀释倍数	使用时期、方法
花叶心腐病、束顶病、蚜虫	吡虫啉70%	2000倍	苗期，喷洒植株
	50%辟蚜雾1.3%农年丰	1 500~2 000倍	
	艾美乐	15 000倍	
叶斑病、黑星病	25%敌力脱乳油、凯润，以及思高、应得、万兴、阿米西达、爱苗30%乳油、25%腈菌唑、25%苯醚甲环唑	1 500倍	大株期、挂果期，喷洒植株
	世高10%水分散粒剂、富力库25%水乳剂、可杀得	1 000倍	
	80%代森锰锌70%甲基托布津	800倍	
	40%灭病威	400倍	
根结线虫病	氰胺化钙(石灰氮)	熏蒸消毒，每亩60~90千克，或50~200克/穴	种植前熏蒸，植穴消毒
	米乐尔、特丁磷、舵手	10~25克/株	植穴消毒

（续）

病虫害	药名	稀释倍数	使用时期、方法
枯萎病	氰胺化钙（石灰氮）	熏蒸消毒，每亩60～90千克，或50～200克/穴	种植前熏蒸，植穴消毒，病株周围植株
	福尔马林	20～50倍	熏蒸消毒病穴
	草甘膦	10～20毫升/株	注射杀灭病株
炭疽病	特克多	1 000倍	抽蕾期、挂果期，喷洒，采后浸泡处理
	施保克	1 000～2 000倍	
	施保功	1 000倍	
	真绿色	500～1 000倍	
假茎象鼻虫	杀虫双、乐斯本	800～1 000倍	大株期，抽蕾期，喷洒把头假茎
斜纹夜蛾	杀虫双、乐斯本	800～1 000倍	幼苗期，喷洒植株
	2.5%功夫乳油	5 000倍	
	1.3%农年丰	1 500倍	
花蓟马	乐斯本	1 000倍	大株期，抽蕾期，喷洒植株、灌心、注射花蕾
	10%吡虫啉	2 000倍	
	70%艾美乐	15 000倍	
	1.8%爱福丁乳油	2 000～3 000倍	
	5%鱼藤酮乳油、灭扫利、马拉硫磷	1 000倍	
卷叶虫	乐斯本、高效灭百可	800～1 000倍	大株期，喷洒植株
	1.3%农年丰	1 500倍	大株期，抽蕾期，喷洒植株、灌心
褐足角胸叶甲	1.8%阿维菌素	2 000倍	
	30%毒死蜱甲维盐乳油＋蓝灵 40%灭多威可湿性粉剂	800倍	
	18%杀虫双水剂、30%敌百虫乳油	500倍	

参 考 文 献

樊小林．2007．香蕉营养与施肥．北京：中国农业出版社．

黄秉智．2000．香蕉优质高产栽培．北京：金盾出版社．

黄秉智，杨护，许林兵，等．2006．香蕉种质资源描述规范和数据标准．北京：中国农业出版社．

黄汉杰，陈炳旭．2000．果树农药使用新技术．广州：广东人民出版社．

王璧生，黄华．1999．香蕉病虫害看图防治．北京：中国农业出版社．

许林兵，潘建平，等．2010．南方果树套袋栽培技术．北京：中国农业出版社．

许林兵，黄秉智．2000．香蕉高效益栽培技术140问．北京：中国农业出版社．

许林兵，黄秉智．2008．香蕉品种与栽培图谱．北京：中国农业出版社．

许林兵，黄秉智，杨护．2008．香蕉生产实用技术．广州：广东科技出版社．

许林兵，舒肇甦．2004．作物营养与施肥丛书．果树卷：香蕉．济南：山东科技出版社．

许林兵，杨护，等．1991．香蕉生产技术．广州：中山大学出版社．

张承林，郭彦彪．2006．灌溉施肥技术．北京：化学工业出版社．

张开明．香蕉病虫害防治．1993．北京：中国农业出版社．

周修冲，徐培智，刘国坚．1999．香蕉、菠萝、芒果施肥新技术．北京：中国农业出版社．

陈厚彬，冯奇瑞，徐春香，等．2006．抗枯萎病香蕉种质筛选．华南农业大学学报，27（1）：9-12．

杨培生．2003．我国香蕉产业：现状、问题与前景．果树学报，20（5）：415-420．

A B Molina, Xu Linbing, V N Roa, et al. 2005. Advancing banana and plantain R & D in Asia and the Pacific. France inibap, Vol. 13.

Jeff Daniells, Christophe Jenny, Deborah Karamura , et al. 1996. Musalogue Diversity in the genus Musa. France inibap.

Romon V Valmayor，Rene Rafael C Espino，Orlando C Pascua. 2002. The Wild and Cultivated Bananas of the Philippines. Philippine Agriculture and Resources Research Foundation，Inc.

Stover R H，Buddenhagen I W. 1986. Banana breeding：polyploidy，disease resistance and productivity. Fruits，41（3）：175-191.

中国种植业信息网 http：//zzys. agri. gov. cn/shuiguo _ cx. asp 2011-01-03.

FAO数据库 http：//faostat. fao. org/site/291/default. aspx. 2011-01-01.

第二章

芒果安全生产

第一节　芒果生产概况

一、芒果的营养及经济价值

芒果是著名的热带水果，在印度等产地享有"热带果王"的美称。

芒果果实外观美，肉质细嫩，风味独特，深受人们喜爱。芒果果实营养价值极高。根据对我国芒果产区几个主要芒果品种分析资料归纳，果实含可溶性固形物 14％～24.8％、糖 11％～19％、蛋白质 0.65％～1.31％，100 克果肉含 β‐胡萝卜素2 281～6 304 微克，而且人体必需的微量元素硒、钙、磷、钾等含量也很高。

芒果除可以鲜食外，还可以制作多种加工品，如糖水片、糖水罐头、果酱、果汁、蜜饯、脱水芒果片、果酒、果冻、话芒以及盐渍或酸辣芒果等；叶可药用和制做清凉饮料；种子可提取蛋白质、淀粉，可做饲料；脂肪可替代可可脂配制糖果，亦可做肥皂。

芒果味甘酸、性凉无毒，具有清热生津，解渴利尿，益胃止呕等功能。芒果特别适合胃阴不足、口渴咽干、胃气虚弱、呕吐晕船等症状。成熟的芒果在医药上可作缓污剂和利尿剂，种子可作杀虫剂和收敛剂。果皮可入药，为利尿、浚下剂。

二、芒果生产概况

（一）世界芒果生产概况

芒果为世界第五大水果（柑橘、葡萄、苹果、香蕉、芒果），世界第二大热带水果（仅次于香蕉）。目前，世界上有 110 多个国家进行生产性栽培，其中绝大多数是发展中国家，栽培品种多达 150 个。根据 FAO 年统计资料，2005 年世界芒果总产量 2 851 万吨，其中亚洲生产 77%，美洲和非洲分别生产 13% 和 9%，其他地区仅占 1%。2005 年世界出口鲜芒果 82.66 万吨，占当年总产量的 2.90%。美国是世界最大的芒果进口国，印度是世界最大的芒果出口国。

目前，全球芒果最大生产国为印度，中国排在第七位。主要生产国包括印度、泰国、印度尼西亚、巴基斯坦、墨西哥、菲律宾、中国、巴西、越南、孟加拉国、海地、马达加斯加、刚果民主主义共和国、坦桑尼亚、危地马拉、秘鲁、几内亚、哥伦比亚、肯尼亚、厄瓜多尔等，其中印度无论面积产量多年都占世界第一。世界最主要的出口商业品种为 Kent、Tommy Atkins、Haden 和 Keitt。美国虽然不是主要生产国，但国际上主要的商业贸易品种均源自美国。

（二）中国芒果生产概况

目前，我国有 7 个省、自治区 100 多个县、市有芒果分布和生产。海南以三亚、陵水、昌江、东方、乐东等地为主产区；广东以湛江、吴川、高州为主产区；广西以百色地区的田东、田阳一带主产；四川以攀枝花主产。据南亚办 2010 年资料统计，2009 年中国（不包括台湾省）芒果种植面积为 13.11 万公顷，收获面积约 8.42 万公顷，单产达 10.61 吨/公顷，产量 89.41 万吨。海南省芒果种植面积最大，产量最高，面积约为全国总产的

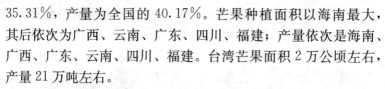

35.31%，产量为全国的 40.17%。芒果种植面积以海南最大，其后依次为广西、云南、广东、四川、福建；产量依次是海南、广西、广东、云南、四川、福建。台湾芒果面积 2 万公顷左右，产量 21 万吨左右。

海南全省都有芒果种植，主要分布在三亚、乐东、陵水、昌江、东方等市县。以早熟品种为主，优质品种有台农 1 号、贵妃、金煌、白象牙等。海南具有得天独厚的气候优势，若应用植物生长调节剂控梢和催花，调节花期，成熟收获期可由过去的 5～6 月提前到 2～4 月。三亚上市时间最早，占据了国内早期市场，价格高；随后乐东、东方、昌江等市、县依次上市，直至 5 月底海南芒果完全采收。

广西主要产区集中在百色市的右江河谷地区及南宁市、钦州市、玉林市等南部地区。以中熟及中晚熟品种为主，主要栽培品种有台农 1 号、红象牙、桂热 82、紫花、桂热 10 号、凯特、金煌、贵妃等。成熟期在 7 月上旬至 9 月中旬。

广东主产区集中雷州半岛。以早中熟品种为主，主要栽培品种有台农 1 号、椰香、金煌、紫花、粤西 1 号。成熟期在 6 月下旬到 8 月中旬。

云南主要分布在华坪、景谷、永德、保山、元江、红河、思茅、版纳等地。以中晚熟品种为主，主要栽培品种有三年、象牙、缅三、凯特、圣心、马切苏、金煌和贵妃等。成熟期一般在 5 月底至 9 月下旬，金煌芒在四川西双版纳可早至 4 月采收。

四川主要分布在攀枝花市及凉山彝族自治州的会东、会理、安宁等地。主要种植中晚熟品种，如凯特、肯特、爱文、圣心、吉尔等。成熟期一般在 7 月下旬至 9 月下旬，攀枝花还可以延迟到 10 月收获。

福建主要集中在莆田、厦门、漳州、福州、宁德等地。主要栽培品种有红花、紫花、金煌和一些土芒等。成熟时间一般 7 月下旬到 9 月下旬。

台湾主产区集中在屏东、台南和高雄。主要栽培品种有爱文、金煌、玉文、海顿、圣心、台农1号、台农2号、凯特、土芒果及其他品种。早熟品种是土芒，产期在5～6月；晚熟品种是凯特，产期在8～9月份。近年台湾芒果主要销往香港、日本、新加坡、斐济及韩国等国家和地区。

总体来看，我国芒果生产已经形成了区域化分布的格局，品种结构有所改善，基本保证全年多数月份有我国生产的芒果上市。我国（不包括台湾省）芒果已经形成以下几个特点：

1. 区域化布局基本形成 即以广东雷州半岛，海南岛西南部，广西右江河谷地区，云南元江、怒江、澜沧江河谷及西双版纳，四川攀枝花及金沙江河谷、安宁河谷地区为优势区域的区域化布局。

2. 种植面积变幅不大，但产量不断增加 我国芒果种植面积的增长势头变缓，甚至近年来稍有下降，但是由于一些优良品种的引进、先进技术和设备的引进利用等，我国芒果单产提高，投产面积比例增加，产量稳步上升。

3. 鲜果销售为主，加工和出口少 由于果品质量、采后商品化处理、产品营销方式、加工、贮运保鲜等技术方面的问题，以及非关税壁垒等对我国芒果出口进行限制，我国芒果基本上以鲜果内销为主，加工和出口很少。2006年我国芒果出口总量为8 143吨，出口量仅占当年产量的1％。我国芒果加工品主要类型有芒果浓缩汁、芒果原浆、芒果果糕、芒果果干、芒果腌制品等，但是芒果加工品在我国的缺口还很大。我国还是芒果（果汁和果肉）主要进口国。

4. 产区间价格差距大 主要原因是产品过于集中和果实品质的问题。由于气候条件的差别，各主产区成熟期不同，一般成熟较早和较晚的价格均好，红色品种价格相对比黄色品种高，套袋果比不套袋果高。

过去，我国芒果生产存在的问题较多，主要包括：品种繁杂，区域化不完善；大量施用化肥农药，果实内外质差，商品性差，缺乏竞争力；贮藏、加工技术落后，综合开发严重不足，果品的增值率很低；流通渠道不畅，果品出现季节性过剩，导致大量滞销价跌和烂耗严重，增产不增收等。

近几年来，由于推广了一批自己培育以及引进的多个稳产优质芒果新品种，采用了产期调节技术、套袋技术、病虫害综合防治技术等标准化栽培技术，对安全生产的认识日益提高，果品的贮运条件也逐步改善，销售的范围不断扩大，使栽培芒果的经济效益越来越显著，芒果市场的竞争力也日益增强。

三、芒果安全生产概况及意义

芒果安全生产又称无公害生产，主要指在安全的产地环境下，通过标准化技术生产出来的芒果质量符合安全（Safety）指标，符合保障人身健康、安全的要求。芒果质量安全是影响目前芒果安全的主要因素。党中央、国务院高度重视农产品质量安全，最近几年先后出台了《农产品质量安全法》、《食品安全法》来确保农产品及食品质量安全。从某种意义上讲，芒果要做成规模和品牌不容易，但是因为质量安全问题垮起来会很快。

芒果质量安全存在的污染源主要包括三个方面。一是工业"三废"，即废水、废气、废渣；二是来自农业污染，包括化肥、农药和粪杂肥；三是人类自身活动带来的污水、粪便、垃圾等。这些污染源会带来化学毒物以及病原微生物，最终导致产品质量安全受损。此外，芒果受不良气候条件如寒害、涝害以及病虫害影响等逆境也会导致产品质量下降，商品性大大降低。

芒果生产者应当合理使用化肥、农药、兽药、农用薄膜等产品，防止对农产品产地造成污染。同时，生产者应当按照法律、行政法规和国务院农业行政主管部门的规定，合理使用农业投入品，严格执行农业投入品使用安全间隔期或休药期的规定，防止危及农产品质量安全。禁止在芒果生产过程中使用国家明令禁止使用的农业投入品。芒果生产企业和农民专业合作经济组织应当自行或者委托检测机构对农产品质量安全状况进行检测；经检测不符合质量安全标准的农产品，不得销售。农民专业合作经济组织和农产品行业协会对其成员应当及时提供生产技术服务，建立芒果质量安全管理制度，健全芒果质量安全控制体系，加强自律管理。

四、我国芒果安全生产现状

随着我国社会主义市场经济的发展和人们生活水平的提高，消费者对食品的需求已逐渐由"数量型"向"质量型"转变，天然、营养、安全、无污染的无公害食品日益受到人们的青睐。2001 年农业部开始实施"无公害食品行动计划"，力争用 5 年时间，使大多数农产品及其加工产品的质量达到无公害食品标准。作为重要农产品，农业部农产品质量安全中心将苹果、柑橘、香蕉、芒果、葡萄、梨、草莓、猕猴桃、桃、西瓜等 10 种水果列入《第一批实施无公害农产品认证的产品目录》，这些水果产品的无公害质量标准已经发布实施。2001 年 9 月，农业部发布了"无公害食品 芒果生产技术规程"，"无公害食品 芒果产地环境条件"，"无公害食品 芒果"3 个国家标准，使芒果的无公害生产有了明确的指导目标。华南各省、自治区对无公害芒果生产的积极性日益高涨，现在，广东、海南、广西等都有了无公害芒果生产的示范基地，并获得了良好的经济效益，如海南省国营南田农场、南滨农场的芒果无公害基地。

五、无公害水果生产主要操作要点

无公害水果是指在所生产的水果中有害或有毒物质含量或残

留量控制在安全允许范围内，达到一定的安全水平。具体地说，就是在水果中的农药残留不超标，不能含有禁用的高毒农药，其他农药残留不超过允许量；硝酸盐含量不超标；"三废"及重金属等有害物质不超过规定的允许量。随着人民生活水平的提高和我国加入世界贸易组织（WTO），农产品生产已向优质、高效和无公害方向发展，这是加入WTO后的需要，也是保护生态环境，保证人们身体健康，提高水果的竞争力和经济效益、促进水果生产不断巩固发展的根本出路，是推动水果业的健康发展，带动农村经济的繁荣，加快群众脱贫致富步伐的迫切需要。

有的地方或部门即使制定了某些标准，一是数量有限，二是水平不高，规范的范围也很窄，造成我国不少地方的农产品及其加工产品中农药残留过高，直接影响人体健康。从农业生产和农作物生长环境来看，随着我国工业化进程的加快，工业生产中排放的废渣、废水、废气大量增加，在没有得到及时治理的情况下，工业"三废"对农业生产的环境影响也越来越大，许多有毒、有害物质经过水体、土壤、空气直接影响着农业生产过程，造成粮食、油料、水果、畜禽产品、水产品等农作物或农产品中有害重金属残留量越来越大，有些已经超过卫生标准要求，直接危害人们的身体健康。

因此，在具体执行过程中，必须制定无公害水果的生产技术规程，如果广大果农能够严格按照生产技术规程进行生产，即按标准建园，选择适宜的品种、砧木，按照标准栽植、施肥、灌水、修剪和使用植物生长调节剂，严格按照标准中规定的防治方法进行病虫害综合防治，特别是要按照其中的农药使用准则施用农药，同时注意采后的包装、运输、贮存，就能达到无公害水果的标准。

具体操作中要特别掌握好以下几点：

1. 建立良好的生态果园基地 生产无公害果品的果园，大气、土壤和灌溉水要经检测符合国家标准。为避免有害物质污染，果园要远离城市、工矿企业、村庄以及车站、码头、公路等交通要道。另外，还应加强果园植被的多样化，在果园种植蜜源植物和牧草，改善生态环境。

2. 加强病虫害的综合防治

（1）注意天敌的保护利用。

（2）积极提倡使用生物农药如阿维菌素、多氧霉素、除虫脲、苏云金杆菌（Bt）、白僵菌、苦参碱等。

（3）正确使用化学农药，严禁使用高毒、高残留农药如甲胺磷、甲拌磷、久效磷、对硫磷、呋喃丹、三氯杀螨醇等，尽量选用低毒、低残留农药如吡虫啉、马拉硫磷、螨死净、三唑锡、喷克、菌毒清等。

3. 注意农药的合理使用　在农药使用中不能随意增加浓度和剂量，并要严格按农药安全间隔期施药，才能有效控制农药的污染。

4. 科学合理地施用肥料

（1）尽量多施有机肥和复合肥。无论选用何种原料配制的有机肥，均需经高温（50℃以上）发酵 7 天以上，使之达到无害化标准。

（2）合理使用化肥。确定科学合理的氮、磷、钾比例，严格控制氮肥施用量，不可使用劣质磷肥；化肥要与有机肥配合使用，有机氮和无机氮之比以 1∶1 为宜。

（3）限制使用城市垃圾肥料。城市生活垃圾一定要经过无害化处理，只有质量达到国家标准的垃圾肥才可使用，但每亩用量一般不超过 2 000 千克。

5. 确保果品在采后和营销过程中不被污染　果品的包装材料如包装纸、网套、纸箱、隔板等、库房以及运输工具等均要保证清洁、无毒、无异味；果品的杀菌消毒药品要符合国家的相关标准。

第二节　芒果栽培品种

目前，中国拥有国内外芒果品种资源 200 多个，有早、中、晚熟类型。保存资源较多的主要有中国热带农业科学院、广西亚热带作物研究所、中国科学院西双版纳植物园、云南省农业科学院热带亚热带经济作物所等，多数资源未作推广，推广的主栽品种仅为其中的 20 多个。

作为主产区的海南省，主栽品种有台农 1 号、白象牙、金煌、贵妃等，主要分布在东方、昌江、乐东、三亚、陵水等地；广东省栽培品种以台农 1 号、金煌、紫花、东镇红芒等为主，主要分布在湛江、茂名和珠江三角洲；广西壮族自治区芒果栽培品种以台农 1 号、紫花、红象牙为主，主产区集中在百色、钦州、南宁、玉林及柳州的南部等地区；云南省芒果主栽品种有三年芒、白象牙、凯特、金煌等，主要分布在红河、思茅、玉溪、西双版纳等地；福建省芒果主栽品种有紫花、贵香、红花芒等，主产区集中在安溪、莆田、福州等地；四川省芒果主栽品种有凯特、肯特、白象牙、圣心、吉尔等，主要分布在攀枝花地区及凉山彝族自治州；台湾省芒果主要栽培品种有爱文、土芒、金煌、台农1号和玉文 6 号等，主要集中在屏东、台湾和高雄县。

（一）贵妃芒（Hong jinlong）

又名红金龙。原产于台湾，1997 年引入海南，海南各主产县、市均有栽培。各主产区均有种植。果实 5～6 月份成熟，通常单果重 400～800 克，大者可达 1.5 千克。果实长卵形，果形指数约 1.74。果肩斜平，向阳面（或果肩）常呈玫瑰色。成熟时果皮底色黄色，盖色红色。果面光洁、果粉多。果肉厚，橙黄色，纤维少，果肉细滑，多汁，肉质较致密。可溶性固形物含量 15%，总糖 13%～15%，总酸 0.08%，100 克果肉含维生素 C

11 毫克，果实可食率 65％～71％。种子长卵形，重量占果重的 10％～15％，种子单胚。

树冠伞形，树势较开张，叶片大、长而厚，叶面平直，长椭圆披针形至长卵状椭圆披针形，叶形指数约 4。叶基圆钝，叶尖急尖、嫩叶淡绿色，老叶浓绿至墨绿色。圆锥花序一般较长，多数在 30 厘米以上，花梗紫红色。花朵较大，但较稀疏，花瓣浅黄色，谢前转粉红色，花药玫瑰红色。

该品种生长势较强，丰产稳产，果实外观美，风味品质上等，综合商品性好，是优质的鲜食品种。（彩图 2-1）

（二）白象牙芒（Nang Klang wan）

原产于泰国。主要分布在海南三亚、东方和昌江县，白沙县、乐东县也有一定面积的栽培，其他县、市也有分布。云南也有较大面积的发展。果实象牙形，一般单果重 350～400 克，单株产量 30～50 千克。果肩小，稍斜平，果背直或微弯。果腹突，果窝较深，果喙明显但较平。果顶略呈钩状，果实较圆厚，上部与下部差异较小，形状窈窕。成熟后果皮浅黄色或黄色，果皮较光滑，果肉浅黄色或乳黄色，结构细密，纤维极少。种子弯刀状，较扁薄，纤维少。种仁约占种壳的 1/3～2/5，居中，多胚。

枝条粗壮、直立，自然分枝位高，较稀疏，形成平顶圆锥形或椭圆状圆头形树冠。嫩枝带红色，老熟后绿色或粉绿色，木栓以后浅褐色至暗褐色。叶片大而较厚，通常叶面较平，椭圆披针形或卵状椭圆披针形。叶基圆钝，叶尖急尖，嫩叶紫褐色至浅红色，老叶青绿色至深绿色。刚老熟的叶片中脉常呈红色。圆锥花序中等至大，花序轴绿间红色，有 2～3 次分枝。花朵中等至大，花瓣浅黄色后转粉红色，花药玫瑰红色。两性花比例较高（通常 22％～29％）。

该品种生长势较强，中熟，高产，果实外观好，较吸引人，果皮厚，耐贮运，货架寿命长。（彩图 2-2）

（三）台农 1 号（Tainong No. 1）

原产台湾。为海南、广西、云南等地的主栽品种。果实宽卵形至斜卵形，平均单果重约 200 克，果肩较小，斜平，果洼浅。腹肩凸起，背肩弯斜，果窝浅而明显，果喙大而钝。果顶小，圆钝。青果浅绿色，向阳面常紫红色。成熟后粉红色或金黄色，果皮光滑，密布白色斑点，并有分散的花纹。味香甜，皮厚，耐贮运，货架寿命长，单果重 150～300 克，单株产量 30～50 千上，嫁接苗植后三年开花结果，3～5 月份成熟。

枝梢较粗壮，较密，叶节较短，但分枝较稀疏，老熟枝条绿色或稍带黄绿色，木栓化后褐色。自然生长下形成圆头形至扁球形树冠，树势矮而壮。叶片大小中等，椭圆披针形至卵状椭圆披针形。叶形指数 4.1。叶尖较长，渐尖，叶缘呈大波浪状。叶面上褶，时有扭曲。嫩叶淡紫色，老叶青绿色或带黄绿色。圆锥花序长 20～30 厘米，三次分枝，较紧密，花序轴间红色或红间绿色，花朵中等大，花瓣黄白色，彩腺黄色，两性花比例较高，一般占总花数 20％以上。通常春节前后开花。着果率和成果率较高。

该品种生长势较强，适应性强，植株矮化，高产，优质，抗风抗病能力较好。果实外观好，果皮较厚，较耐贮运。（彩图 2 - 3）

（四）金煌芒（Chiin Hwang）

原产台湾省，是白象牙芒与凯特芒的天然杂交种。海南、广西、广东等地的主栽品种。果大型，通常单果重约 500 克，大者可达 1～1.5 千克。长卵形，果形指数（长/宽）约 2。果肩小，斜平，果腹深绿色，向阳面（或果肩）常淡红色。成熟时深黄色至橙黄色。果皮光滑，色彩鲜明，果肉味甜，组织细密，质地腻滑，无纤维感（未成熟的生理落果经后熟也有甜味），果汁少。

含可溶性固形物 15.3%～16.5%，总糖 13.4%～14%，有机酸 0.07%，100 克果肉含维生素 C 15.3 毫克，可食部分 70%以上。种子扁薄，仅占果重的 5%～6%，肾状长椭圆形，种壳薄，种仁占种子的 1/4～1/3，偏上。中熟品种，高产，果实成熟后果皮呈金黄色或浅黄色，味甜略淡，单果重 300～1200 克。4～5 月份成熟。

枝条长，直立，粗壮，结果后下垂，形成开张的圆头形树冠。未木栓化的枝条深绿色，木栓化后红褐色。叶片大，长而厚，叶面平直，长椭圆披针形至长卵状椭圆披针形，长度通常是宽度的 4 倍。混杂有白象牙芒与凯特芒叶片的特点。叶基圆钝，叶尖急尖，嫩叶淡绿色。老叶浓绿至墨绿色。圆锥花序一般较长，常达 30 厘米以上，花梗紫红色。花朵较大，较稀疏，花瓣浅黄色，谢前转粉红色，花药玫瑰红色。

该品种生长势强，具有早结果、丰产、稳产的特点。中熟。果实外观美，肉质腻滑，无纤维感。种子扁薄，可食部分高，甜度稍低。对低温阴雨抗性较强。挂果期必须套袋，使果皮变成金黄色，商品价值才好。（彩图 2-4）

（五）红玉（Hongyu）

海南、云南、四川等地有栽培。果实卵肾形至肾状长椭圆形，平均单果重约 180～200 毫克，肥水充足结果较少时 250～300 克，蒂部较大，果肩较小、平，果洼不明显。果腹凸出，果窝较深，果喙明显，但不突出。果顶圆钝或尖小，略弯。青熟果青绿色，果皮光滑，有明显而较密花纹，白色斑点较大而密。成熟时果皮深黄色至橙黄色，果柄较细，常披有薄薄的白粉状蜡质层，皮色鲜艳，骨肉橙黄色，组织细密，纤维极少。种子弯刀状椭圆形，种壳较厚，种脉凹陷，纤维稀少。种仁较充满，多胚。味甜或甜带微酸，芳香，肉质腻滑，无纤维感，品质优良。含可溶性固形物 18%～21.6%，全糖 16.2%～18.6%，有机酸

0.223％～0.521％，100 克果肉含维生素 C 40～69 毫克，可食部分 76％～80％，种子约占果重的 11％。

树冠圆头形。枝条较苗壮，未木栓化时青绿色，木栓化后红褐色。叶片椭圆披针形，中等大小，较长，叶形指数 4.7～4.8。叶基圆钝，叶尖急尖或渐尖，叶缘微波浪，叶面扭曲状。阳光下老叶叶面网纹明显。嫩叶淡绿至浅褐色，老叶青绿色。圆锥花序中等或大，长 20～30 厘米，圆锥形或长圆锥形。花轴红间绿色。花朵中等大，花瓣淡黄色或黄白色，彩腺黄色，谢花前花瓣转褐色。两性花比例较高。

该品种生长势较强，果实外观与肉色比较吸引人，但商业栽培以干热地区栽培效益更好。

（六）吉禄芒（Zill）

原产美国佛罗里达。海南、广东、四川攀枝花有栽培。果实中等大小，歪圆形至宽卵形，果形指数 0.9～1.1。果肩小，圆弧状或斜平，无果洼。果腹凸出，果背弧形，果顶圆浑，果窝不明显或无，果喙大而较平。青果底色青绿盖色红紫色，成熟果的颜色分别为黄色与深红色，在光线充足时红色覆盖面达 90％以上。果皮较光滑，密布白色小斑点，常披果粉。果肉橙黄色，组织较细密，含可溶性固形物 15.8％，全糖 13.18％，有机酸 0.16％，100 克果肉维生素 C 31 毫克，可食部分 72％～82％。种子约占果重的 10％。

树冠圆头形，枝条较开展，生势和长度中等。未木栓化枝条深绿色，木栓化后褐色，半木栓化部分呈网纹状。叶片卵状椭圆披针形，嫩叶黄褐色，老叶深绿色，叶片常呈扭曲状态。叶片较厚，叶面可见明显网状花纹。花序圆锥形，具三次分枝，花序轴红间绿色，有短绒毛，花朵中等，花瓣黄白色，凋谢前转粉红色。彩腺橙黄色，凋谢前转褐色，花盘较大，山包状。雄蕊 1枚，花药玫瑰红色或浅紫红色。两性花比例中等。着果率较高，但成果率中等。质地较细腻,品质中上至良好。

该品种为世界著名红芒品种之一,生长势较强,较早结果,但较迟熟。在一些地方采前落果严重,丰产不丰收。味甜,芳香,但杂有淡松香气味。在干热地区开花结果正常。宜通过控花技术,控制其在旱季收获,才能发挥其优良种性。

(七) 凯特 (Keitt)

原产美国,是美国佛罗里达州 1947 年从 Mulgoba 实生树选出的品种。海南三亚、乐东等县、市有少量栽培,四川攀枝花市和云南华坪县等地区栽培较多。

海南 7~8 月份成熟,四川 9~10 月份成熟。果实卵形,单果重 800~1300 克,果形指数 1.3。果腹凸出,腹沟明显,有"果鼻"。果皮较光滑,密布小斑点。采收前果皮暗紫色,向阳面盖色粉红;成熟后底色黄绿,盖色鲜红。果肉黄色至橙黄色,组织致密,纤维极少,果肉味甜、芳香、质地腻滑,品质优。可溶性固形物 15%~17.5%,总糖 14.5%~16.5%,总酸 0.18%~0.35%,100 果肉维生素 C 22~26 毫克,可食率 75.5%~85.0%。种子扁薄,椭圆形,重量约占果重的 5%~6%。种壳较薄,纤维稀少,种脉凸出。种仁肾状倒卵形,约占种壳的1/3,居中,单胚。

树冠扁球形,枝条长,节间较长,分枝少。叶片较大且平,椭圆披针形,叶缘微波浪状,有时反向下翘,叶形指数 3.8~4.0。嫩叶淡绿色,老叶深绿色。圆锥花序,长 30~40 厘米,花枝也较长而下垂。花序主轴较粗壮,绿色间红色,有短绒毛。花大,花盘大。花瓣黄白色,凋谢前浅粉红色,彩腺橙红色,花谢前转褐色。花药暗紫色。两性花比例中等。

该品种早结,丰产,稳产,晚熟,优质,果实外观较鲜艳。低温阴雨年份仍有收成,花期干旱,阳光充足的地方种植较好。(彩图 2-5)

（八）金白花芒（Nam Doc Mai）

原产泰国。广西、海南、云南等地有栽培。果实中等偏大，略呈梭状长椭圆形，果形指数 2.0～2.2，较圆厚。果肩小，近弧形，无果洼，腹肩凸起、果腹突出。果顶较尖小，常稍呈钩状，果窝浅或无，果喙明显而钝。青果浅绿色或粉绿色，成熟时金黄色，着色均匀，果皮光滑，有密花纹，果粉中等，外观吸引人。果肉金黄色至深黄色，组织细密，纤维极少，果皮较薄。种子长椭圆形，种壳薄，纤维少，种子扁薄，种仁小，近弯月形，仅占种壳的 1/3，居中，多胚。味浓甜，芳香，质地腻滑，无纤维感，品质上乘。可溶性固形物含量 19.8%，全糖 17.6%，有机酸 0.181%，100 克果肉维生素 C 26 毫克，可食率 78.9%。

枝条苗壮，长度中等或较短，叶片多而密，分枝较多，自然生长下形成树型紧凑，枝、叶密而略呈郁闭的圆头形树冠。叶片椭圆披针形，叶形指数约 4。基部近楔形，叶尖急尖，叶缘呈中至密波浪状，叶片时有下垂现象，特征明显、易辨。花序较大，一般长 25～30 厘米或更大，有三次分枝。花序轴黄绿间粉红色，花朵较密集、中等大小，花瓣黄白色，雄蕊多 1 枚，花药浅紫色。两性花比例 10%～20%。通常春节前后开花，5 月下旬至 6 月成熟。

该品种早结果，产量中等，年年结果，中熟，品质特优，外形美观，是有发展潜力的商业栽培品种，值得扩大试种和推广。但在多雨地区结果不稳定，产量不理想。（彩图 2-6）

（九）R₂E₂

原产澳大利亚。海南乐东、三亚栽培较多，四川、云南等地有少量栽培。正常果成熟期在 6～8 月份，中熟。在澳大利亚 11～2 月份成熟。果实短椭圆形，单果重 350～750 克，果实长

10.5～13 厘米，宽 8.5～9.6 厘米，厚 7.5～8.5 厘米，果形指数 1.1～1.4。成熟果皮黄色，果肩带粉红晕，表面细而光滑，未成熟时底色为绿色，盖色为红色，且分布不均匀。果肉黄色，肉质细致黏滑，果肉几无纤维，味甜，汁多，香气浓郁。种子多胚。树冠圆头形，树势壮旺，枝条较开张。

该品种品质上等，香气浓郁，产量高，但抗炭疽病较差，适合干热地区种植。澳大利亚栽培面积大。

（十）紫花

原广西农业大学育成，在广西、云南等地区有种植。果实略呈 S 状短纺锤形或椭圆形，果形指数 1.6，果肩小或无果肩，果洼无，腹肩向外圆出，背肩向内凹陷，果窝深或较深，果喙不明显，果顶圆弧而变向果腹一侧，果柄较细。青熟时绿带紫色，向阳部分有紫红色晕，完熟时金黄色，果皮薄，光滑，布满白色斑点，并披有薄果粉。果长约 12.0 厘米，宽约 6.8 厘米，厚约 6.2 厘米，平均单果重 255 克。果肉金黄色，组织致密。种子长椭圆形，种壳薄，种脉平行且平，纤维少，种仁约占种壳的4/5，偏下，单胚。味甜，偏淡，成熟不充分时较酸，有椰乳芳香，质地较细腻，纤维少，品质中等；可溶性固形物 13.0%，总糖 11.6%，100 克果肉维生素 C 12.7 毫克，总酸 0.37%，可食率 71.5%。

该品种树姿直立，自然生长下形成圆头形树冠。枝条较粗壮，长且直，老熟枝条绿色，木栓化后褐色。叶卵状椭圆披针形，较大，叶形指数 4.2，叶基近楔形，叶尖渐尖，叶面较平，叶缘微波浪状；嫩叶淡绿色，老叶深绿色。花序圆锥形，中等至大，花梗红紫色或紫红色，花序具短茸毛。花朵中等大小，花瓣黄白色，谢前转褐色，彩腺黄色，花药玫瑰红色。

该品种果实外观吸引人，较早结果，丰产，稳产。在多雨地区外观较差，属中迟熟品种。（彩图 2-7）

（十一）椰香芒（Dashehari）

又叫"鸡蛋芒"。原产印度。海南、广西和云南等地有部分栽培。果小，平均单果重 120～150 克，3 月份开花的果实有时可达 150～200 克，或更大。果实卵状椭圆形至长椭圆形，果皮光滑，满布白色斑点。成熟时黄绿色或深黄色。果肉深黄色至橙黄色，果较小，形似鸡蛋，果肉深黄，故名"鸡蛋芒"。果肉组织细密，纤维少，溢汁也少。肉质腻滑，纤维极少，品质优。含可溶性固形物 16%～18%，总糖 15%～16.8%，有机酸 0.08%～0.16%，100 克果肉维生素 C 13～23 毫克，可食部分 60%～68%，种子约占果实重量 13%～15%。种子长椭圆形，较饱满，种仁占种壳的 3/4、4/5，偏下，单胚，5～6 月份成熟。

该品种枝条粗壮，开展，萌枝力强，顶部腋芽常能抽出 5～7 条或更多枝梢。自然分枝较低矮，形成紧凑、枝繁叶茂的圆头形树冠。枝条绿色，常披白粉状蜡质层，有时蜡质层与煤烟斑相间。木栓化后褐色至暗褐色。在过渡带常出现网状木栓花纹。通常叶片较小，披针形或椭圆披针形。叶基楔形，叶尖尖长，渐尖。叶片侧脉较疏，上举，常呈浅绿色或粉绿色。叶面常扭曲。嫩叶淡绿色，老叶深绿色至墨绿色。花序通常为广圆锥形，花序轴浅绿色。花朵中等或偏小，花瓣淡黄色，谢花前转褐色。花药玫瑰红色。通常 2～3 月份开花，两性花比例中等，但有时很低，因年份和管理水平而异。成果率较高，常成串结果。

该品种是印度主要商业栽培品种和出口品种，具有高产、优质的特点，很受消费者欢迎。1986 年被广东省评为优质品种。丰产年追肥不及时易导致大小年或隔年结果。适宜在冬春干旱、阳光充足又有灌溉条件的地方栽培。在栽培上，丰年在结果期加强水肥管理，采果前后及时追肥，促进植株果后（或挂果期）及时抽出新梢，可克服或缓解大小年结果现象。（彩图 2-8）

（十二）爱文芒（Irwin）

原产美国佛罗里达州。1945 年从印度第三代 Lippens 中实生树选出。海南、四川等地有部分栽培。5～6 月份成熟，单果重约 250～400 克，果实卵形，基部圆，果大。果梗细，斜生，果顶圆，无喙，果实大小中等。成熟果实底色橙黄，盖色红色，皮孔白色较小，果皮较厚。果肉橙黄色，无纤维，香甜软滑，多汁，肉厚。可溶性固形物含量 14%～19%，总酸 0.2%～0.5%。100 克果肉维生素 C 30 毫克，可食部分 75%～80%。种子长椭圆形，约占果重的 10%。种壳较薄，纤维少，短而细，种脉凸出。种仁椭圆形，占种子的 2/3，居中。种子单胚。

树冠圆头形。枝条粗壮，萌枝力强，顶部腋芽常常能抽出 5～7 条或更多的枝梢，绿色，常披白粉状蜡质层，有时蜡质层与煤烟斑相间。通常叶片较小，披针形或椭圆披针形，叶形指数大于 4。叶基楔形，叶尖长，渐尖。花序通常为宽圆锥形，花序轴浅绿色。花瓣淡黄色，谢花前转褐色。花药玫瑰红色。

该品种树势中等，早熟，高产稳产，品质良好。（彩图 2-9）

（十三）吕宋芒（Carabao）

原产菲律宾，现仍为该国主栽品种。果实长卵形或卵状长椭圆形，平均单重约 200 克，果形指数约 1.8。果肩较小，稍斜平。果腹突，果窝通常较深，果喙明显而尖锐，果顶较尖小，一般微弯。也有果窝不明显，果顶不弯者。成熟时果皮金黄色，果皮光滑，常间有白色斑点及花纹，常披蜡质果粉，色彩鲜亮，明快，外观较吸引人。果肉金黄色至深黄色，组织细密，几乎无纤维。种子长椭圆形，种壳薄，种仁小，仅占种子的 1/3，居中，多胚。味甜或甜带微酸，芳香，肉质腻滑，风味怡人，品质上乘。果肉厚，种子扁薄，可食部分高，含可溶性固形物 16%～20%，总糖 15%～18.2%，100 克果肉维生素 C 27～42.6 毫克。

可食部分 70％～75％，种子约占果重 10％。4～5 月份成熟。

树干灰褐色，树皮较光滑，枝青绿色或稍带浅绿色，木栓化后浅褐色至褐色。分枝粗壮，较长而开展，自然生长下能形成圆头形树冠，冠幅与树高相近。叶片椭圆披针形至椭圆形，叶形指数为 3.4。叶尖急尖，尖锐，叶基近圆形，较厚、光照充足的老叶用手指夹紧拉直时常发生响声。叶面较平，但叶缘常呈微波浪状。嫩叶浅黄色，叶脉淡绿色；老叶深绿色。圆锥花序较粗壮，一般长 20～30 厘米，花轴粉红或绿间红色，有 2～3 次分枝，较紧密。花朵中等大小（直径 0.6～0.7 厘米）花瓣浅黄色，彩腺黄色。两性花比例较高，一般＞20％。

该品种速生，早结果，外形美，风味好，品质优，较耐储运，在国内外市场（尤其华南市场）很受欢迎，售价较优。在低温阴雨地区栽培，产量不稳定。适于干热地区栽培。苗圃嫁接成活率较低。（彩图 2-10）

（十四）桂香芒

原产广西南宁。为秋芒与鹰嘴芒的杂交种。主要在广西栽培。果实呈不对称的长椭圆或椭圆形，较大，平均单果重 350～400 克，果肩小，稍斜平，果蒂基部凸起。果腹较小，果背呈弯弓状。果窝浅，果顶较小，偏向果腹一侧。果皮光滑，有密而小的花纹。果肉深黄色。组织较稀松，纤维较多，味甜偏淡，芳香，汁多，品质中等。含可溶性固形物 14.5％--15％，总糖 10.2％，有机酸 0.25％，100 克果肉含维生素 C11.06 毫克，可食部分 72％。种子占果重的 11.5％。种子弯弓状椭圆形，种壳纤维短而少。种仁倒琵琶形，占种子的 2/3，偏下，单胚。

枝条生势中等，较开展，结果后下垂，形成圆头形树冠。叶较大，较宽，长 26 厘米。卵状椭圆披针形，叶形指数 4.0～4.2。基部略呈楔形，叶尖渐尖，叶缘上翘，并常呈中波浪至密波浪状。叶肉间有起伏，侧脉常凸出叶面。圆锥花序大或中等。

有三次分枝。花朵多而密集。花瓣黄白色，彩腺黄色，谢花前分别转粉红色、褐色。花药玫瑰红色。两性花比例和成果率均较高。

该品种属中迟熟品种，较高产稳产，但外观和品质不理想，在海南省东部、中部和北部地区产量亦无保证，目前海南已很少种植。

（十五）串芒

原产广西南宁。主要在广西、云南栽培。果实中等大小，卵肾形或长倒卵形。果肩小，斜平。果腹凸出，果窝浅或较深。果喙明显。果顶渐尖，略呈钩状。果形指数 1.6。果柄较细。果肉味酸甜，有松香气味，质地稍粗，汁多，纤维中等，含可溶性固形物 14.5%，总糖 12.3%，有机酸 0.678%，100 克果肉含维生素 C17.8 毫克，可食部分 79%。种子约占果重的 13%。种子略呈弯刀状长椭圆形，种壳较薄，纤维少，种仁肥厚，占种子的 2/3。居中，多胚。

枝条健壮，长而开展，结果后易下垂，形成圆头形树冠。叶椭圆形至椭圆披针形，大小中等，叶形指数 3.4。叶基圆，叶尖急尖，叶面平，叶缘上翘。叶片较厚，老叶叶肉花纹明显。花序较长，一般在 30 厘米以上。呈长圆锥形。花序有三次分枝，主轴粗壮，分枝较细，花序轴和分枝红紫色。花朵中等大小，花瓣浅黄色，彩腺黄色，凋谢前分别转粉红色、褐色。花药玫瑰红色。两性花比例较高。坐果率、成果率较高。

该品种为中迟熟品种，较丰产稳产，但品质一般，且外观与不如紫花芒好，与现代优质芒果品种相比相差甚远。在海南未成规模种植，少有商业栽培。（彩图 2-11）

（十六）桂热 10 号

原产广西南宁。在广西百色地区栽培较多。果实较大，单果重 350～550 克，长椭圆形。果形指数 2。果肩小，腹肩微凸，几无背肩。果蒂基部凸出，果腹稍凸。果窝浅，果喙大而凸出，果背直落。果顶浑圆。未成熟时果皮略呈蟹青色，斑点大而较密，果肉深黄色，肉质稍细密，味甜密，多汁，纤维中等或偏少，品质中等或良好。糖度 19～22 白利度，可食部分 71%～73.4%。种子长椭圆形。种仁较充满，多胚，占果重的 12%。

树冠圆头形，枝条较细长，开展，生势中等，结果后易下垂。叶片中等或较大，椭圆披针形至卵状椭圆披针形。叶基楔形，叶尖渐尖，尖长。叶缘微上卷，常呈大波浪状。花序长圆锥形至圆锥形，花序轴紫红色或浅红色间绿色。彩腺深黄色，后转褐色。花药玫瑰红色。两性花比例中等。

该品种能多次开花结果，较高产稳产。品质中上至良好，是广西主要推广品种之一。但品质与海南优良品种相比较尚有差距。在低温阴雨地区栽培仍有较好产量，可酌情发展。

（十七）桂热 82

又名桂七芒、田东青芒。系广西热带作物研究所从秋芒的实生变异单株中选育出的中熟品种。主要在广西栽培。果实长椭圆形。单果重 205～240 克，最大单果重 365 克。成熟果皮色深绿，后熟果皮色淡绿至绿色。果肉黄色，纤维少，蜜甜浓香，肉质细嫩，成熟果每 100 克果肉维生素 C 含量 6.95 克，可溶性固形物含量 23.6%，可溶性糖 17%，可滴定酸 0.51%，可食率 73%。植株生长势中等，树冠卵圆形。枝条生长健壮，分枝力中等，分枝角度较大，枝条开张，平均梢长 21 厘米，叶片椭圆批针形，叶肉厚实，叶脉明显。花序乱圆锥形，长 24 厘米，宽 17 厘米，花梗紫红色。南宁 2 月中旬花芽萌动，3 月中旬初花，4 月上旬盛花，7 月下旬至 8 月上旬果实成熟。

该品种突出的特点是品质极优，香气浓郁，带浓重的椰香味，是鲜食的上佳品种。但由于皮色青绿，加之采后贮藏期易感病，因而产量低价，市场价不高。

（十八）泰国生食芒（Keawsaweuy）

原产泰国。在广西、云南等省、区有栽培。果实肾状长椭圆形，中等偏大，单果重 250～350 克，平均约 270 克。果形指数约 2。果肩较小，平或稍斜平。果洼浅或无。腹肩稍凸，有浅腹沟。果窝浅，果顶较小而略尖，果喙明显。果皮稍粗糙，有白色斑点。青熟果果肉黄白色，无酸味或微酸，肉质爽脆，黄熟果果肉浅黄色，组织细密，纤维极少，质地腻滑，汁少。青熟果含糖量为 9.84%，有机酸仅 0.253%（仅为一般品种的 1/10），100克果肉含维生素 C 38.7 毫克；黄熟果糖度 15～19 白利度，有机酸 0.05%，可食部分 70%以上。种子长椭圆形，种壳较薄，种脉凹陷，纤维极少，种仁占种壳 1/2，居中，多胚。

树冠圆头形，树势较开展。枝条长，生势中等，深绿色。叶片较大，椭圆披针形，基部略呈楔形，叶渐尖。叶面平，叶缘微波浪。叶片较厚、较长，叶形指数 3.5～4.5。叶脉常呈黄绿色，侧脉间隔较大、上举。圆锥花序大，一般长 30～40 厘米，有三次分枝，花序轴红间绿色，有短绒毛，发育中的花蕾批短绒毛，并微呈煤烟状。花朵中等大，花瓣浅黄色，其后转粉红色，彩腺浅黄色，凋谢前转褐色，花药浅紫色。两性花比例较低。

该品种含酸量低，泰国消费者有吃生食芒的习惯。从小果至熟果，上市时间长，增加产品消费量。作为饭馆、酒楼的餐前小菜，风味独特、怡人，消费潜力很大。

（十九）三年芒

又名金芒果。原产于云南德宏。西双版纳栽培较多，是云南省传统栽培的地方品种，也是云南栽培面积较大的品种。果肾状长椭圆形，较扁，果弯明显，果嘴微突，属小果型。5月下旬至6月上旬采收。成熟时果皮金黄色，果肉橙黄色，纤维较多，核较大，单果重在 120～180 克，可溶性固形物在 15％～17％，总糖 12.74％～14.42％，总酸 0.50％～0.78％；味酸甜适中，果食率在 70％左右。

树冠扁圆头形或自然圆头形，树势中等，树形紧凑，10 龄树高 5～6 米。分枝角度大，长势强。花序塔形，花序轴黄绿色，在云南盛花期 2～3 月份。

该品种品质一般，产量中等，是较好的地方品种。

第三节　芒果生物学特性

一、芒果的植物学特性

（一）根

芒果是多年生、深根性果树。根系的生长活动、分布范围与地上部生长结果能力、寿命长短、树势、抗逆性和适应性有十分密切的关系，因此根系是芒果整个机体的一个重要组成部分。根群的发育与品种及立地土壤条件有密切的关系，如海南本地土芒和金煌芒根群分布广且深，台农 1 号芒根群分布浅且窄。在土层深厚、地下水位低、通气性良好、有机质含量丰富的土壤，根群分布较深广。

芒果根系包括主根、侧根与须根三大部分，扦插或压条繁殖的苗木无主根。主根和侧根是根系的骨架，故又称骨干根，其主要作用是支持和固定树体，运输养分、水分。须根是侧根末端细小的分枝，数量多，如头发粗细，生理上最活跃。新生须根是吸收水分、矿物质养分并将其转化为树体内需要的营养物质的主要部位，乳白色，组织嫩。随着新生根不断生长，根系向外扩展，早先生长的须根颜色逐步变深，最后转为黑褐色，一部分自疏死亡。

芒果的主根和土壤中下层的根系多垂直向下或近于垂直向下

伸展，称为垂直根。其入土深度视品种、年龄、砧木、繁殖方法及土壤理化性状而异。芒果实生树和实生砧木嫁接的苗木具有发达的主根，可垂直深入土壤深层，侧根层次分明，主根上每隔10～12厘米分布一轮（3～5条）侧根。幼树移栽时切断主根后，可以从断口处长出多条侧根以代替主根垂直向下伸长，如果是用扦插或压条繁殖的苗木，根系是由茎上长出的不定根，无主根，根系分布深度则不如实生根系。生长在河边沙土高地上的数十年至上百年实生树，垂直根可达8～10米深，而地下水位高或黏土地，垂直根的生长就会受到限制，常根据地下水位的高度决定根系的深度。垂直根深入土壤下层，有利于固定植株、吸收水分和微量元素。沿土壤表层水平生长的根系，称水平根，这类根对植株的养分供应极其重要，表层土壤疏松、肥沃，水分适度，则水平根发达，须根多，密度大。幼树水平根的生长速度低于垂直根，且分布范围小于树冠。随着树龄的增长，水平根生长速度加快，垂直根所占比例逐渐减少。

（二）茎

芒果是常绿大乔木，干性强，树高可达10～20米，寿命长达数百年，100～200年生树仍能开花结果，在云南、广西、海南均可见100年以上树仍然硕果累累。树体大小、高度、寿命长短常随繁殖方法、品种、栽培条件等变化而异，栽培方法和管理水平对芒果树体影响尤其显著。

嫁接树树冠形状因品种而异，分3种类型。第一种为直立型品种，主干直立，分支角度小，树冠呈圆锥形或椭圆形，树高大于冠幅；第二种为开张型品种，分枝角度大，开张，分枝多，树冠呈扁球形或扇形，树冠小于冠幅；第三种为中间型，分枝角度介于二者之间，树冠圆头形，与树干大致相近。

芒果树的茎可分为主干、中心干和侧生枝条，侧生枝条又分为主枝、亚主枝、三级枝、四级枝等。实生树的主干明显，直立高大；经矮化栽培的嫁接树主干不明显。主干树皮光滑度依品种而异，一般单胚类型的树皮较粗糙，纵向裂纹多，多胚类型树皮则较光滑。侧生枝条的生长形成树姿和树形。芒果枝梢呈蓬次式生长，各次梢间界线分明；枝梢的长度、粗度和颜色因品种不同而有较大差异。

（三）叶

芒果单叶互生，每次梢顶端叶片集中，下部较稀疏，叶全绿，革质有光泽，叶面平直或呈波状，扭曲，反卷，依品种而异。叶片长 13～30 厘米，宽 3～8 厘米，大小除与生长环境有关外，也是品种的特征之一。在不同的品种中，叶片形状大致有长椭圆形、长圆披针形、披针形、椭圆披针形、狭长披针形等，叶缘有平坦型、波浪型、折叠型和皱波型，叶尖有钝尖、急尖和渐尖，叶基有楔形、钝圆形和圆形等。嫩叶颜色是区别品种的重要依据，可分为浅绿色、古铜色、淡紫色、紫色、红色和紫红色等，不同品种间有很大差异，以海南本地土芒为例，嫩叶颜色的变化为紫红色→淡紫色→淡绿色→绿色，成熟时转为浓绿色。（彩图 2‑12）

芒果在各季节都有叶片生长，因此一株树上同时存在着各种不同的发育状况、不同叶龄的叶片。各叶片光合作用强弱、生理活跃程度也有所不同。叶片厚而深绿的比色淡而薄的光合效能强，未转绿叶片光合作用弱，刚老熟的最强，但随叶龄的增长逐步转弱。在自然条件下，随着幼树年龄的增长叶片数量大幅度增加，进入结果期后产量在一定范围内也随之增加。当枝叶数量增至一定程度后，随着树冠不断增大，枝叶数量、密度进一步增加，树冠内部光照减弱，由于树冠内光照不足，内部叶片功能下降，其光合产物不足以维持自身的消耗，一部分叶片由于营养不足而迅速衰老、脱落，叶片脱落后的小枝随之干枯，一部分暂未脱落的叶片变成"寄生叶"，依靠外部的叶片输送养分维持生命，因而树冠从内到外均有功能强的叶片转变成仅外部分布有功能强的叶片,叶片总面积不再增加,同时由于树体非绿色部分扩大(光秃枝增多、增粗),根与叶之间养分运输距离增大,因而整个树体光合产物下降、消耗增多,树冠单位体积的结果能力反而下降。

(四)花

芒果花为圆锥花序,顶生或腋生,腋生花序不易坐果。花序分为纯圆锥花序、混合圆锥花序和短圆锥花序3种。纯圆锥花序最普遍,也较易坐果,花序中无混生叶片,大部分开放于早期花;混合圆锥花序大部分开放于中期花,在花序的基部混生叶片或苞叶状小叶,亦可坐果;短圆锥花序大部分开放于晚期花,花穗基部着生多片新叶,不能坐果或仅坐败育果。花序长度和宽度因品种而异。每花序着生200~3 000朵小花,通常约1 000朵左右,花朵呈聚伞状排列,花型小,花的直径不同品种间有差异,一般为0.6~1.2厘米。芒果花有雄花和两性花2种,雄花子房退化;两性花的花药比花柱略高,花瓣绝大多数为5枚,子房上位,1室,无柄,直接着生于蜜盘中央,胚珠倒生,花柱斜垂于子房上。花药颜色有浅紫色、紫红色和玫瑰红色。(彩图2-13)

(五)果

芒果为浆质核果,由外果皮、中果皮、内果皮和种仁4部分组成。中果皮厚,肉质,多汁,俗称果肉,是食用部分;有些品种果肉中纤维多且粗(如海南本地土芒),有些纤维少且细(如粤西1号)。内果皮木质化,硬度因品种而异。种子1枚,种壳内层有纸质的膜,白色种仁上紧贴着褐色的种皮。果实形状长圆形、椭圆形、圆球形、卵形、象牙形、S形、扁圆形等。大多数商业品种单果重100~1 000克,以200~400克者居多。果皮颜色有红色、黄色、绿黄色、绿色、紫红色等,果肉颜色有乳白

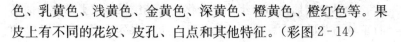

色、乳黄色、浅黄色、金黄色、深黄色、橙黄色、橙红色等。果皮上有不同的花纹、皮孔、白点和其他特征。（彩图 2-14）

（六）种子

种子 1 枚，外被一层油纸状薄膜。种子包含着 1 个至几个胚，每个胚有 2 片肉质的子叶，单胚品种只有 1 个胚，为有性胚，多胚品种含有 2 个或 2 个以上胚，其中 1 个是有性胚，其余是无性胚。（彩图 2-15）

二、芒果的生长发育特性

（一）根系的生长特性

1. 年周期中根系生长活动 芒果根系生长活动可周年进行。在热带地区，只要土壤不是过分干旱，根系可以周年生长。在亚热带地区，由于低温、干旱的影响，根系的生长活动会出现短暂停滞，致使芒果叶片易出现卷叶，叶色较淡，失去光泽，显现缺素等症状。但当根系一旦恢复正常生长活动后，上述现象会随之消失。

2. 根系与地上部分生长的关系 在年生长周期中，芒果根生长一般会出现 2 个明显的高峰期（旺盛生长期），并与地上部分生长高峰期相互交替出现。在早春新芽萌发前，由于土壤温度低或干旱，根系活动弱，生长少。以后随着气温升高，雨水增多，春梢生长，夏梢抽发，开花结果等地上部分活动一直处于旺盛阶段，故根系生长一直处于低潮。根系生长第一次高峰出现在果实采收后，秋梢抽发前。此时树体负担减少，如果土壤水分充足，根系会迅速转入生长活动高峰期，为秋梢抽生打下基础。但此期时间甚短，随着秋梢抽发和旺盛生长，根系生长又转入低潮。秋梢停止生长后至冬季低温来临前，根系生长进入第二个高峰期。此时树体养分充足，气温适宜，高峰期长，根系生长量大，为早冬梢抽生与翌年花芽分化、开花结果等地上部生长活动打下物质基础。在秋旱严重的地区，土壤水分是此期根系活动的主要限制因素。在高峰期即将来临前灌水、施速效性肥均有助于高峰期到来和旺盛进行。以后，随着温度下降根系生产逐渐停止，下层土壤的根系在冬季较温暖的地区仍可继续生长，直至花序大量萌发时。

由于根系活动旺盛，促进了当年枝叶大量生长、有机养分与激素的积累，反过来又促进了根系的旺盛生长。如果当年过量结果，或枝叶遭受病虫危害等，生长不良，都可影响到树体对根系有机养分的供应，从而使根系生长活动受到抑制并给地上部活动带来不良影响。

3. 不同土层根系活动情况　在不同深度的土层中，各层根系的生长活动也有交替的现象，这是由于各层土壤温度、湿度、通气条件不一所致。上层土壤温度复升较快，降温亦较下层早，故上层根系生长活动高峰期到来较迟，结束也晚，整个生长期较上层根系时间长。

4. 根系生长与环境条件和管理的关系　根系生长发育除直接受制于地上部分有机养分的供应外，也与环境条件特别是土壤条件密切相关。环境条件可以影响根系的形态结构、分布与生理活动机能，从而牵制地上部分的生长，结果与果树寿命。

土壤温度、水分和通气条件是根系能否生长与生存的主要因素。土壤养分会影响根系生长活动的旺盛程度、生长期长短、须根的密度等。为使根系生长发育良好，必须通过栽培管理给根系创造良好的环境条件。

芒果树在栽植前挖穴施肥，就是为了给种植后的幼树根系生长发育准备疏松、通气、养分、水分充足的环境条件，以利幼树根系快速扩展。在果树生长过程中，每年还必须随果树扩展情况进行深耕扩穴改土，增施有机肥，改善土壤水、肥、气、热条件，促进根系生长良好。果树衰老时切断骨干根，重施有机肥，以疏松土壤、增加养分，可复壮根系。

芒果在矮化密植栽培时，为使幼树早结果，种植穴可适当浅些，定植时切断主根与垂直向下的根系，限制垂直根生长，用浅施肥、铺面肥、树盘覆盖等诱使水平根系生长。在年生长周期中，为促进早春根系活动和使秋季根系生长高峰期及时到来，增加土壤有机质，树盘覆盖、松土，早春和即将采果前施速效性肥，土壤干旱时适当灌水等措施都是十分有效的。

（二）枝梢生长特性

在我国南方，芒果枝梢多在2～3月份开始生长，直至11～12月停止，一个单枝每年可抽生枝梢2～5次，幼树更多。芒果抽生的梢按季节分，可分为春梢、夏梢、秋梢、冬梢，各次梢的抽生时间每一单枝有先后差异。芒果叶芽萌动、伸长后，进入枝梢生长。顶芽幼叶伸出芽外，同时外围鳞片脱落，节间伸长，幼叶展开增大，转色，顶芽出现，叶片淡绿到深绿（完全停止生长、枝梢老熟），历时1～2个月，过程长短主要视气温而异。在雨水充足、气温较高的夏秋季多为30天左右。

春梢：2～4月份萌生的梢，分1～2批抽生。多于花芽萌发的同时或稍后抽生，极少在花芽萌发前抽生。开花多的树抽生少，反之则多。在整株树结果少时，开花后未坐果的枝梢会很快又抽梢一次，开花结果多的树此时多不抽生。

夏梢：5～7月份抽生。此时温度高，水分足，抽生枝壮旺，抽生时期各单枝极不一致，有些单枝可连续抽生2次以上，就整株树而言，似连续不停抽生新梢，特别是幼树、青年树，夏梢多而旺，是造成落果的主要原因。在生产上常抹除5～6月份抽生的夏梢，以提高坐果率。成年结果树结果多时，抽夏梢极少而弱，或不抽生。

秋梢：8～10月份抽生。此时温度、水分适宜，又是采果后，壮旺树可抽生1～2次梢，且抽生时期一致。对我国种植的大多数品种来说，秋梢是翌年的结果母枝，因而培养粗壮的秋梢具有重要意义。

冬梢：10月份以后抽生，在10月中下旬至11月上中旬，气温高的栽培区可迟至11月下旬至12月初。抽生的早冬梢是晚熟品种的优良结果母枝，但此时由于树体弱或土壤干旱等原因，往往不易抽生。如能在10月份用追施肥料、灌水等措施促进早冬梢大量抽生，对翌年产量极有利，但以后低温来临，抽生的梢不利于花芽分化。海南、广东等产区的结果树，基本采用控制冬梢生长的方法促进花芽分化。

枝梢在转色前是生长的关键时期，它决定叶片的大小、厚薄、转绿快慢以及叶的功能，但此期叶片尚未转绿，光合作用及弱，枝梢生长的养分主要依靠下部枝条贮藏的和成熟叶制造的养分供应；因此枝梢生长强弱除和品种遗传性有关外，与其基部梢的粗壮程度和此次萌芽长枝的数量、树体健壮程度、树冠上成熟叶片的数量以及萌芽时的土壤管理等密切相关，故在栽培管理上，特别是剪枝、施肥等措施，可依据此生长规律调节枝梢生长势，如采取萌芽前追肥、萌芽后抹梢、弱枝少留、壮枝多留等。

芒果芽的萌发与枝梢生长具有较强的顶端优势，由于顶芽活动萌发生长，常会抑制侧芽萌发生长。顶芽直立向上而粗壮，近顶部侧芽次之，越是下部芽越难萌发，甚至不发，枝条角度也依次加大。如果人工破除顶芽，可以促进侧芽生长，因此幼树栽培管理上常利用人工摘除顶芽或新梢剪顶，促进分枝，增加枝梢量，加大分枝角度，减弱单枝生长势，以达到早结果，早丰产的目的。

芒果每次梢顶端的多张叶片和芽集中排列，近似轮状，同时由于枝生长顶端优势和芽的异质性共同作用的结果，枝干上分枝出现相对集中分层排列，形成了芒果树冠具有较明显的层次。在树冠整形修剪时常利用此特点，以利于树冠内的通风透光。

（三）开花结果

1. 花芽分化

1）花芽分化时期　枝梢生长发育形成的叶芽和花芽原本是由同一分裂组织分化而来，只有发育到一定时期后，一部分芽由于内外因素变化的影响才表现出与叶芽在生理、形态上的不同，此变化过程称为花芽分化。花芽分化是果树年生长周期中最重要的生理活动。

芒果花芽分化的时间，因品种、地区、气候、栽培管理等因素的不同而变化，有的可早至头年的8～9月，有的则晚至翌年的1～3月份，个别部分可延至4～5月份。但无论在任何复杂的情况下，花芽分化时期都有如下几个共同规律：

（1）芒果花芽分化时期并非集中于短期内，即使同一品种、同一植株上也绝不可能同时开始、同时结束，而是在一定的时期内分批、分期陆续分化花芽，因品种、环境条件而异，可以持续2～5个月。由于芒果一年多次抽发新梢，造成了枝梢在发育上和所处环境条件上的差异，影响花芽分化在时间上的差异，即使同一时期抽发的新梢，也会因为所处的内外条件不同，停梢迟早不同，枝梢发育进程有异，而影响花芽分化期。

（2）芒果花芽分化期受气温、土壤水分的影响明显。冬季晴朗，温度较高，土壤湿润，花芽分化期提前，分化进程加快；低温、阴雨或土壤过度干旱，则花芽分化期推迟，分化进程减慢。芒果花芽无休眠期，整个分化过程（花原基出现，花枝、花蕾、花器官分化）与芽萌动、萌发、伸长、开花同时按次序进行。

（3）芒果花芽分化期虽因枝梢生长期与不同年份气候而异，但就品种而言，在同一地区气候有相对地稳定性，故其分化盛期仍有相对稳定性。早熟品种分化期早，晚熟品种分化期迟，同一品种不同年份分化盛期时间上相差0.5～1个月。

（4）在花芽形态分化以前有一个生理分化期，在此时期芽从外形上看正进入萌动状态，芽鳞片开始松动，芽顶略现鲜绿，芽内生长点的细胞处于极不稳定状态，对内外因素高度敏感，是易于改变芽的性质、控制花芽分化的关键时期。故栽培上促进花芽分化的措施必须在冬春芽萌动前进行，最迟也不得超过芽萌动初期，否则无效。因此，这一时期又称为芽分化的临界期。外界条件特别是适当低温，在此时期是决定花芽数量的关键。

2）影响花芽分化的因素

（1）花芽分化与枝叶、根系生长的关系。优质充足的枝叶是形成花芽的物质基础。树体中的养分首先要满足枝干、叶、根系生长，在此基础上才可能供应花芽分化的需要。因此，幼年树要想早结果，树体必须健壮生长，具有足够的叶片和发达的根系；成年树每年均应有生长良好的枝叶，树势稳定；非绿色部分的大干粗枝与绿叶比例不能过大，以减少树体消耗；秋梢（或早冬梢）结果母枝要及时停止生长，以利养分积累和各类激素水平的变化及根系正常的生长活动，才有可能由营养生长转向生殖生长。根据原华南热带作物研究院的观察，青皮芒 5 年生壮树花芽分化率高达 94.5%，而弱树仅 50%。管理正常的果园，翌年花序量多而健壮，而多年失管的果园，开花量大量减少或几乎不开花。枝梢的分枝角度也会影响到激素的分布、枝条的长势，从而影响芽的性质。芒果直立枝顶端优势强，生长素含量高，乙烯含量低，花芽不易分化；下垂枝与直立枝相反，斜生枝、水平枝顶端生长素含量依次下降，故采用开张枝角度、扭枝、环割，喷洒乙烯利等生长调节剂药物都可延缓枝条生长，促进花芽分化。

（2）开花结果与花芽分化的关系。开花结果会消耗大量养分，从而影响枝梢生长、养分积累、根系活动的消长关系。芒果开花过多使春梢抽生量少而弱，甚至不抽梢；结果过多，会抑制夏梢抽生，秋梢抽生迟、少、弱，根系活动差，从而异致养分积累不够，不利于花芽分化，翌年花芽分化量减少，花序质量下降。

　　（3）环境条件与花芽分化的关系。芒果是喜光果树，在充足的阳光条件下，花芽分化期提前，枝梢花芽分化率高，开花提前，坐果率也较高。在同一树上，南北向的花芽分化率和开花早晚均有差别。这是因为光照的强弱、长短会影响芒果枝梢的生长、树体的光合性能和激素的合成与分解，从而影响花芽分化。

　　温度影响芒果营养生长的强弱、停梢的早晚。芒果花芽分化前和分化初期要求适当低温，以利于枝梢停止生长并通过生理分化期。因此，秋冬气温的高低和变化幅度会影响分化期到来的早迟以及分化持续时间。芒果芽从开始分化至第一朵小花开放，是连续进行的，这一时期的长短与当时气温密切相关。根据原华南热带作物研究院在海南的观察，从开始分化到第一朵小花开放需20～33 天。原广西农学院在广西南宁的观察，从花芽萌动至开花，短者 2 周，长者可达 3 个月，如泰国芒 11 月中下旬开始花芽分化至翌年 1～2 月份开始开花，紫花芒 1 月至 2 月开始花芽分化，3 月上中旬至 4 月上中旬开始开花，人工摘花的复抽花序从分化至开花 2 周至 1 个月。从开始分化至第一朵小花开放所历时间，南宁比海南变化大，这是因为南宁早春温度变幅大所致。从第一个芽开始分化到最后一个芽开始分化，持续的时间因各年气温的变化情况不同而异。根据原广西农学院的观察，紫花芒在南宁 1985 年花芽从开始萌发至结束萌发（分化前期）持续时间仅 1 个月（2 月初至 2 月中下旬），1986 年持续时间约 2 个半月（2 月上中旬至 4 月中下旬），1987 年冬暖，早春气温变化人，持续时间最长约 3 个半月（12 月中旬至 4 月上旬）。此外，气温还会影响花芽分化的数量和质量。在芽萌动至萌发初期，气温骤然升高，易萌发叶芽和混合花序，甚至使开始分化的花芽又转向枝叶生长；在春梢生长前期，气温骤降，也可使其正在生长的顶端转变为花芽；早期分化的花序一般气温较低，多为纯花序；冬春持续较长期的低温，也可导致花芽数量减少，这是因为长期较低温，枝梢虽无明显寒害，但树体抗御寒冷耗费贮藏养分过多，影响了花芽分化。

充足的水分会促进营养生长，反之，过分干旱会抑制营养生长，妨碍有机营养的产生与积累，间接影响花芽分化。在花芽分化临界期以前适当干旱，有利于枝梢停止生长，提高细胞液浓度，有利于花芽分化，但过分长期的土壤干旱，特别是刚进入结果期，根系分布尚浅的小树或矮密栽培条件下的芒果树，会减少花芽分化的数量与质量。因过分干旱抑制了枝梢顶端芽的萌动和树体内部的生理活动，从而影响芽在此期所必需的其他外部条件以及一些成花激素的合成等。例如1990年秋至1991年春，广东连续干旱，导致雷州半岛带1991年大多数管理水平较低的芒果园普遍减产。桂香芒在干旱山地果园常出现大量芽推迟萌发、花量不足的现象，12月至翌年1月酌情供水或秋冬土壤覆盖，1～2月份喷洒硝酸钾与乙稀利等，可改善此现象。

2. 花序抽生 芒果结果母枝一般都是当年生的夏、秋和早冬梢，只要能停止生长，其上不再抽生嫩梢，均有可能成为结果母枝。除此之外，头一年的结果母枝上未抽新梢者、多年生枝（多为上部受伤后）、早春花芽分化前抽生的春梢嫩枝，也均有可能成为结果母枝。但在我国大多数芒果产区，结果母枝主要是秋梢。

结果枝上主要是顶芽抽生花序，顶芽、侧芽同时抽生的较少。当顶芽受到伤害时，附近的侧芽可能代替顶芽分化花芽，抽生花序。顶芽抽生花序后，由于寒害或早花而行人工去除花序，仍有可能腋芽再度分化而抽生花序（花穗）再生力。花序再生力的强弱，品种间有较大差异，可作为品种稳产性的标志之一，如秋芒、紫花芒、粤西1号等品种再生力强，多次抽生，在各地表现稳产。

原生花序去除后，气温低则易再次分化花芽，否则不能再生，花序再生力强的品种，应用人工摘除早期花序，促进腋芽萌发，可在一定程度上推迟开花期，避过低温阴雨对开花的影响。

花期是品种的重要特性。一般早熟品种花期较早，迟熟品种花期较迟。从我国大多数芒果产区的气候条件看，花期的早晚与品种的稳产性有极密切的关系。同一品种具体年份的花期早晚与花芽分化过程的气温有关，气温高，分化进程快，则开花期提早；也与树体营养有关，小年之后的树开花早，丰产后的树开花相对较迟。秋梢停梢的早晚、人工摘花等，凡是影响花芽分化始期与花序发育进程的因素，均对花期有不同程度的影响。

芒果花期的另一特点是花期长。从第一个花序开花至最后一个花序开花结束，一般在1个月以上，有的品种历时半年以上。一个花序从初花期至末花期10天至1个半月以上。开花期长短与气温有密切关系，气温高，开花期短，反之则长。花序中下部的花先开，然后逐次往上、往下推移。

芒果两性花在花序上占总花数的百分比（简称花性比）因品种而异，高者可超过70%，低者1%。同一品种在不同地区、年份和不同时期花性比都会有变化。这些变化明显受气温的影响，在花器分化后期温度适宜，则子房发育良好，温度过高、过低均使子房在发育中受抑制，部分子房退化，形成雄花。由于树体营养的差异，不同树体、不同枝条、不同树龄花性比也会有变化，一般晚抽生的花序比早生者两性花比率高，大年树比小年树高，生长势壮比生长势弱的高，花序上中部比下部高，即使出现这些变化，但花性比仍不失为品种的重要特性，因为在各品种情况基本相同时，两性花比率高的品种仍保持较高水平，低者仍较低。一般花性比太低的品种，开花期天气温暖晴朗，尚能正常结实，但遇低温阴雨，则开花多，结实少的现象比其他品种严重，故品种花性比常年不足10%者，不宜用做经济栽培。（彩图2-16）

3. 授粉受精与坐果

1）授粉、受精与落果 芒果全天均有花开，但以上午6时以前开花最多。一般花药开裂散发花粉以9～11时最多。芒果小花从花瓣展开至柱头干枯历时约1.5天，柱头接受花粉以当天为好，某些品种只在花后 3 小时内授粉具有最大受精能力，开花后 6 小时传粉已无意义。

芒果开花后，已受精的子房迅速转绿并开始膨大，未受精的在开花后 3～5 天内凋谢脱落。由于内外因素的影响，芒果的两性花，大部分也在受精前后脱落，即使如此，芒果因花量大，如能保证传粉和受精过程顺利通过，在坐果初期可见到一个花穗上仍有小果几十个，甚至超过 100 个，但由于果实生长期落果严重，到采收时其坐果率仅 0.1%～1%。

芒果从开始坐果到快速生长期结束这段时期中均可能连续不断落果，落果数达初期坐果数的 95% 以上。果实生长减缓后坐果也已基本稳定。芒果开始坐果后 2～3 周内落果的绝对数量最多，这时落果主要是因授粉、受精不良所致。此后落果，有的品种则到分果期（大、小果明显区分，小果脱落）后基本停止。此期落果与树体养分分配有关。大多数品种在果实生长后期，如无病虫危害，不再落果，但少数品种在采收前 2～3 周还会出现采前落果，主要是养分不足（包括大量元素、微量元素和水分）所致，此外，异常高温和病虫害严重也能造成采前落果。

2）影响落花、落果的因素

（1）环境条件　温度对开花结果的影响最大。在花序伸长、花器发育期间，温度对花粉的发育有重大影响。此期最适宜的温度是 15～30℃，夜间温度低于 10℃所产生的花粉粒活力会大大下降，且随低温严重程度与持续时间而加剧，即使随后开花时天气转好，仍会导致坐果率下降。芒果正常授粉、受精，坐果的温度应在日平均 20℃以上，以 22～32℃最适宜，温度不足在一定程度上影响坐果，影响昆虫传粉、花药开裂、花粉粒萌发、花粉管伸长、胚囊发育与受精，还会在幼果期影响幼胚发育，使幼胚死亡、落果或出现无胚果，但开花期间温度超过 35℃以上并伴随着干旱，又会加速花柱、花粉粒干枯，从而危及坐果。芒果花对阴雨、日照不足、雾等也极度敏感，阴雨、高湿可使花药延迟开裂或不开裂，干扰昆虫传粉，加重病虫发生蔓管，影响光合作用等，造成落花落果。生产上常通过栽培晚熟品种或采用人工摘梢推迟花期，避过低温阴雨天气，提高坐果率。

（2）**树体营养** 芒果正常授粉、受精过程中，花器官的良好发育十分重要。树体内碳水化合物与含氮物质的积累、激素等的供应都对花器官发育有影响。因此，造成树势衰弱的各种因素都会间接影响花器官发育，如秋梢生长过弱，冬春大量落叶，叶片被病虫危害，叶片少、开花过多或春梢抽发量大于抽花量，矿物元素如氮、磷、钾、硼、锌等不足等。保证结果树势健壮、科学合理施肥是提高坐果率的重要措施，适当调节花量与春梢比例也会有利于坐果。

果实快速生长期树体营养分配失调是加剧落果的关键。如夏季雨水过多，偏施氮肥，促使夏梢大量抽生旺长，导致新梢与果实间争夺养分的矛盾尖锐化；树冠过分郁闭，光照不足；弱树结果过多；因虫害大量损失叶片，树体养分供不应求也会促使果实落果加剧。对弱树增强其树势，营养生长期增施有机肥、氮肥和配合适量磷、钾；冬季防干旱保护根系；防止落叶；对开花过量、结果过多的树进行疏花疏果；在结果期，增施磷钾肥，人工摘除夏梢；对树冠郁闭树，特别是结果量不足的旺树，在幼果生长期适当疏除部分营养枝等都可以保花保果。

（3）**品种** 品种的遗传特性是决定坐果率的重要因素，如花期的早晚。根据我国大多数芒果种植区域的气候条件分析，早花品种除少数年份外，都很难顺利通过授粉、受精过程。坐果率与品种关系密切，在花期气候条件基本能满足时，品种间坐果率有较大差异。据原广西农学院多年观察发现，不同品种在同一条件下坐果率有较大差异。同一品种不同年份，由于内外因素的变化（树体养分、气候），坐果情况也发生变化，但就历年观察结果看，平均花穗坐果数量的高低，是品种的一个重要特征，在一定程度上反映了品种的生产性能。此外，有的品种有雌雄异熟自花不亲和现象，即使自花能孕的品种，用其他品种的花粉授粉也能提高坐果率。因此，建园时要为主栽品种配置授粉品种，是提高坐果率的重要措施。

4. 果实的生长发育 芒果果实从幼果开始膨大增长至果实成熟，需 80～150 天，因品种和气候条件而异。果实生长后期遇高温、干旱可加速成熟，生育期缩短。芒果果实的生长规律不同于其他核果类 2 个生长高峰，仅出现 1 次快速生长，起初（授粉、受精后不久）生长缓慢，以后生长速度逐渐加快，达最大速度。2 个月后，其果径已达成熟时果径 95% 左右，随着体积增长，重量也相应增加。以后体积增大速度减慢，至成熟前 2～3 周（有些品种更早）增大基本停止。在体积减慢生长期，内果皮开始逐渐硬化，直至成熟时达最大硬度。在果实成熟前 3～4 周，果实长纵径与横径已基本停止增加，但果实厚度与重量仍在增长，尤以重量增加更多，直至成熟采收时结束。成熟前果实比重小于 1，成熟时比重达 1.01～1.02。

芒果果实成熟时的体积、重量是品种的重要特征，且与该品种的商业性密切相关，但同一品种在不同地区，同一地点的不同年份、不同栽培水平甚至不同树体、枝梢，果实大小会有所变化，甚至在某些情况下变化较大，这种变化是决定果园产量的重要因素之一。芒果果实的增长主要受控于以下几方面：

（1）**树体营养** 果实的增长主要是靠细胞分裂和细胞个体增大。这一增长过程中要求树体能及时、足量供应碳水化合物和矿物质养分。矿物养分供应，在开花前子房分化期主要是靠树体内的贮藏，因为此时如果土温较低或伴随有土壤干旱，根系的吸收能力弱，临时施肥作用不很大。开花后，幼果生长前期由于气温升高，根系活动力加强，养分供应既可由树体贮藏养分供应，又可以及时施肥补充。碳水化合物养分供应，开花前叶片光合作用弱，主要依靠开花前贮藏养分，以后叶片光合作用虽然逐步增强，但开花前后还有新梢生长，因此树体贮藏养分的多少和花芽分化后叶片存留多少以及养分分配情况，都可成为果实前期增大的限制因素。如前一年秋梢生长不良，越冬时低温、干旱、落叶，春梢生长过多、过旺或开花结果过多等，都会影响果实增大速度，减慢减缓，到果实快速生长期，细胞体积的增大非常迅速，果实重量增加也在此时期最快，此时期碳水化合物供应主要靠当时叶片生产，叶片的数量和生产能力是果实增大的主要限制因素。据研究，30片叶不足以维持一个果的正常大小，还需靠树体内的贮备养分，但生产上在丰产年往往达不到30：1的叶果比，因而果实变小，同时还会带来次年形成小年。

根据原广西农学院芒果研究组的调查，叶果比的增减与果实大小的增减有密切关系。叶果比过少果实明显变小，但也不是叶果比愈多果愈大。叶片过多，说明树体可能开花量不足，氮素供应过多，夏梢抽生过多、徒长，果实不定增大，且因梢果养分分配的矛盾加剧易使果实脱落，果数总量减少，产量也降低。氮素缺乏或枝叶过密，树冠光照不足，均会影响叶片的功能，从而影响果实生长。钾对果实增大与果肉干重增加有明显的作用。磷、钙影响蛋白质、碳水化合物的合成、运输以及铵态氮的吸收等，其作用在果实生长中也不容忽视。这些矿物元素应在秋梢生长前和果实生长期施入，以利于果实增大。

（2）种子生长发育　芒果种子的生长曲线与果实一样，初期生长缓，中期加速，后期慢至停止，且生长高峰期两者也是同步进行。种子的快速生长有助于果实的快速生长，因为种子生长发育过程中合成多种激素，以保证果实不脱落和继续生长。果实生长初期生长速度缓慢，是因为种子尚未发育成形，种子快速生长发育，果实也进入生长高峰期，到后期种子进入生理成熟阶段，内果皮开始变硬，逐步形成果核，此时果实生长减缓，直至逐步停止，由此可见，种子的生长发育与果实增长有相当密切的关系。芒果有些品种幼果在低温影响下胚发育受到障碍，可形成无种子果实；用生长素促使坐果，也可形成无种子果实，但这些果实由于无种子生长，绝大多数至采收时也不能增至该品种果实应有的大小，如海南的贵妃芒果大多数败育果实成熟时只有原品种平均重量的 $1/3 \sim 1/4$。因此，保证授粉、受精和胚初期发育阶段顺利通过，是种子形成并发育的前提，而种子则是果实生长所需激素的主要源泉。

（3）外界条件　土壤水分影响枝叶生长和光合能力、根系活动，从而间接影响果实大小。前期果实内水分占总重的 $80\% \sim 90\%$，随着果实增长，水分含量虽有下降（约 80% 左右），但果内水分绝对量是大量增加的。果实中期和后期增重和增长，需要充足的水分。

温度影响芒果授粉、受精、胚的发育以及果实前期细胞分裂，因此是影响果实增长的主要因素。

光照影响光合产物的形成，尤以果实生长中后期影响显著，不但影响果实大小，还会影响到品质、外观、贮藏性等。

三、适宜种植芒果的环境条件

（一）温度

温度是决定芒果自然分布的主要因素，芒果性喜高温、干燥，而不耐严寒，能忍受的最低温度为 $1 \sim 2℃$，$0℃$ 以下的温度将导致植株死亡。一般认为，年平均温度 $21℃$ 以上，最冷月均温不低于 $15℃$，终年无霜的地方比较适宜发展芒果生产。芒果生长的有效温度是 $18 \sim 35℃$，枝梢生长的最适温度是 $24 \sim 29℃$，温度影响芒果花芽分化的数量、质量和进程。实验表明，高温（白天 $31℃$，晚上 $25℃$）对营养生长有利，中温（白天 $25℃$，晚上 $19℃$）对开花不利，低温（白天 $19℃$，晚上 $13℃$）对芒果花芽形成有促进作用，但花芽分化速度随着温度的降低而减慢。

芒果的抗寒力依品种、繁殖方法、树龄、树体状况而异。不同品种抗寒力有差异，有的品种能经受 $-5.6℃$ 时的霜冻而不受损伤，而有的品种在−2.2℃至−2.8℃时严重受冻。花序对低温的反应，品种间也稍有差别。嫁接苗的抗寒力低于实生苗。当夜间气温降至5℃以下并出现凝霜时，花序和幼树局部叶片受寒害而发黑。气温降至0℃左右时，生长势较弱的幼苗地上部和成年树的花序、嫩梢会枯死，大树树冠外围的叶片也会受冻伤，若低温持续时间较长，甚至1～2年生枝都有可能被冻枯死。但树体对低温有较强的耐受能力，气温下降至−3℃左右，如持续时间不长，虽枝叶会受严重冻害，但还不至于全株死亡，如1955年广州和南宁曾分别出现−2℃和−2.1℃的低温，大树未发现受致命伤害。据原华南热带作物科学研究院调查，在年平均温度17.9℃，1月份平均温度7.4℃，绝对最低温度−5℃（常年在−2～3℃）的浙江平阳地区，芒果仍能生长和结果，只是营养生长缓慢，产量低，因此绝对低温低于−3℃、为时很短，且非常年出现的地区，仍有芒果栽培。

在高温的夏季，枝梢生长快且生长量大，冬季生长慢且生长量小。适当的低温干旱有利于花芽分化，但花芽分化后需要高温来缩短花序发育时间，有利于提高两性花比例。如海南最低温度出现于1～2月份，其平均温度为15～17℃，芒果花期及幼果期若处于低温天气环境中，将影响昆虫授粉，不利于坐果，且病虫害严重。日平均温度高，可使花期缩短，产期提早；反之，温度低，则花期会延长，产期也将延缓。如三亚日平均温度比昌江、东方高出2℃左右，同品种产期约提早1个月。

温度也影响芒果花的性别表现，当花芽进入形态分化时，气温高有利于分化成两性花，特别是早熟品种，两性花的比率受气温高低的影响出现较大幅度的波动。气温高开花期短，只有15～20天；相反，温度低则需要30～35天。温度不但影响芒果开花，还影响坐果和果实发育，花期气温在15℃以下时，授粉、受精会受到影响，甚至花序枯死，幼胚死亡；温度如高达35℃以上，并伴随干风，会抑制雌蕊发育，小花和果实会遭受日灼。

（二）水分

芒果对于土壤水分的耐旱性及耐湿性均很强，一般年降雨量在700～2 000毫米的地区均能生长良好，但忌连续阴雨及大气湿度太大。周年降雨量高且频繁时，将使植株营养生长速度快，导致结果少，产量低。开花期若逢下雨，雨水会将花粉冲掉，同时不利于昆虫活动，影响授粉。幼果期至果实肥大期间为最需水分的时期，降雨的水分和人工灌溉的水分均能促进果实生长。

就产量而言，降雨总量虽然重要，更重要的是降雨分布情况，在花期、果实生长期以降雨低为好。一般认为有灌溉条件的雨量较低的地区种植芒果最好。降雨量低的地区芒果产量稳定、病虫少、果实外观好，也较耐贮运。我国近期发展的芒果商品基地四川攀枝花、云南华坪等地就是低降雨量地区，可是缺乏灌溉条件，限制了芒果产量进一步提高。芒果在花芽分化前、花芽分化期以及开花期均忌阴雨连绵、大雾、空气湿度大而光照不足的天气，土壤有充足的水分供应，但若频繁降雨，空气、土壤过分潮湿，易造成病虫害流行扩散，危及果实外观与贮藏性。空气适当干燥，阳光充足，有利于花开放和传粉昆虫活动，促进授粉、受精和坐果，减少炭疽病、蒂腐病发生及尾夜蛾、短头叶蝉、瘿纹的滋生和繁衍，使得花和果实少受病虫害侵害，坐果率高，果实生长发育好，果实色泽光洁，品质好，耐贮藏，利于保鲜。久旱骤雨，会引起有些品种严重裂果。结果树采果后秋梢生长期，要求土壤有充足水分，若干旱会影响秋梢生长和恢复树势，从而危及花芽分化，是造成隔年结果的主要原因之一。若冬季缺水，影响芒果顺利越冬，促使冬春大量落叶，危及开花结果，导致减产。

芒果幼苗阶段要求有充足的水分供应，雨水较多时苗木生长速度加快；如供水不足，生长缓慢，抽梢次数减少。

（三）空气质量

无公害芒果产地的环境空气应符合表 2-1 的规定。

表 2-1　无公害芒果产地环境空气中污染物的浓度限值

指标名称		浓度限值	
		日平均[a]	1 小时平均[b]
总悬浮颗粒物	≤	0.30 毫克/米^2	—
二氧化硫	≤	0.15 毫克/米^3	0.50 毫克/米^3
二氧化氮	≤	0.12 毫克/米^3	0.24 毫克/米^3
氟化物	≤	1.80 微克/（分米^2·日）	—

[a] 日平均是指任何一日的平均浓度；
[b] 1 小时平均是指任何 1 小时的平均浓度。

（四）光照

芒果是喜光果树，充足的阳光有利于芒果幼树萌芽抽梢和展叶，可提高叶片的光合作用，增加光合产物积累，从而有利于加快幼树的生长和提早结果；另外，可使成年树花芽分化期提早，花芽分化质量好，数量多，有利于授粉、受精，坐果好，产量高，品质佳，着色好。一般树冠向阳面花穗多，开花较早，结果也多，外观品质优良，而枝叶茂密、通风透光差的内部结果较少，且易发生病虫害，落果严重，果实外观、品质差，不耐贮；但过强光照伴随空气湿度过小或土壤干旱，果实向阳面会遭受日灼。如光照不足，病虫害多，光合作用差，营养积累少，花芽分化晚，开花也晚。芒果幼苗需在较荫蔽条件下才能生长良好，在强光照下芒果苗生长减缓，叶片发黄。

（五）风

芒果树体高大，根深叶茂，枝条较脆，抗风能力中等，实生树比嫁接树较抗风，大风和台风常会折枝或整株树被刮倒。芒果果实较大，果柄较脆，在果实较大的阶段，大风（6级以上）会造成严重落果或果枝损伤，引发病害，影响果实外观，降低商品果率，但矮化密植果园对大风的抵抗力大大加强，8级以上风速才能造成大量落果或树倒。常风大和台风多的地区，种芒果必须营造防风林。

但是，过于郁闭、空气不流通的果园，树冠交叉，相互遮阴，空气湿度大，果实常受叶片磨擦损伤，病虫害严重。总之，芒果树适宜微风常吹、空气流通、空气湿度较低的开阔地带生长。

（六）土壤

芒果根系较深、粗、长，对土壤的要求不严，但以排水良好、地下水位低、土层厚（2米以上）、pH5.5～7.5的通气良好的微酸性至中性壤土和沙壤土、土壤肥力中等地方为宜。在土层深厚、有机质含量过多、土壤过分肥沃的地方，则植株营养生长会过度旺盛，常导致不开花或只开花而不结果。

无公害芒果产地土壤环境中各项污染物应符合表2-2的规定。

表2-2　无公害芒果产地土壤环境中污染物的含量限值

指标名称		浓度限值（毫克/千克）		
		pH<6.5	pH6.5～7.5	pH>7.5
镉	≤	0.30	0.30	0.6
总汞	≤	0.3	0.5	1.0
总砷	≤	40	30	25
铅	≤	250	300	350
铬	≤	150	200	250
铜	≤	150	200	200

(七)海拔及坡向

芒果种植的地方以山坡地较佳，平地次之，主要原因是排水、日照和坡向等因素会影响产量及品质。但坡地高度也不宜过高，因海拔越高，温度越低。一般而言，海拔以 500 米以下为宜，海拔越高，湿度越大，对芒果病虫害防治有不利影响。

种植芒果的坡向以南向最佳，东西向次之，北向最差。原因为南面温度较高，气候较暖和，日照充足，授粉昆虫多，而北向于开花期间常遇寒流，昆虫活动能力较弱，直接影响授粉。

第四节 芒果园的建立

一、园地选择

选择园地时，注意芒果栽培的最适宜的条件是年平均温度 20℃以上，最低月均温 15℃以上，绝对最低温度 0.5℃以上，基本无霜日或霜日 1～2 天，阳光充足，基本无台风危害；芒果可种在坡地上，也可种在平地上。一般南向坡光照充足，果树生长良好，果实色泽、风味佳。山坡地果园坡度应小于 20°，土层深厚，土质疏松，较肥沃，pH6.5 左右，水源充足；平地果园要选择在地下水位低、排水方便、地势较开阔的地方建园。对于坡度较大果园，水土保持工程较大，宜造林防水土流失。

二、园地规划

包括小区划分、防护林、排灌系统、道路系统和辅助设施等。

1. 小区划分 小区面积 20～30 亩*，长方形，长边沿等高

---

* 亩为非法定使用计量单位，15 亩＝1 公顷。

线走向。一般一个作业区内的土壤、坡度、气候条件大体一致，便于管理。

2. 道路规划　主干道宽 4～6 米，设在园地中部把果园分成若干大区，与园外道路相接；支道 3～4 米，设在小区之间，与主道相连；便道 1～2 米，可在每小区内，每隔 3～4 行果树设一加宽行作便道（加宽 1～2 米）。

3. 排灌系统　排水沟分为直向排水沟和横向排水沟，直向沟除利用天然沟外，大型果园每隔 100 米设一条 50 厘米×60 厘米沟，横向沟可结合主支道路两侧设置并与直沟相连。坡度大于 15°的果园应在果园顶和果园山脚下各开一条环山拱沟，60 厘米×100 厘米，以防冲毁果园。此外，标准化果园要安装引水系统，采用先进的滴灌方式。

4. 防护林系统　平地果园每隔 400 米，与道路、小区结合植 6 行主林带一条，在主林带的侧向每隔 700 米植 2 行副林带。树种选择马占相思、刚果桉。株行距为 1.0 米×2.0 米。山地果园则在山顶分水岭上种植水源林和主风口或果园四周造防护林，防护林带内应种植蜜源植物。

5. 辅助设施　果园应规划管理用房、包装场、药物配制室、生活用水电设施等，应设在交通便利处。

另外，同一地块应种植单一品种，避免混栽不同成熟期品种。选择不同品种混种时，要考虑其开花期是否接近以便于授粉。坡地种植应等高开垦，大于 20°的坡地不宜种植。

三、园地开垦

平地果园开垦较简单，按一定的面积划分小区，规划好道路和防护林带，按种植密度定标，挖种植沟或种植穴。山坡地果园可开梯田或按等高线种植。（彩图 2-17，彩图 2-18）

开垦梯田时，可与挖种植沟结合起来。种植沟以宽 1.0 米、深 0.8～1.0 米为好；利用生土筑梯田埂，表土回填种植沟。虽然挖种植沟比较耗工耗料，成本也较高，但改土效果好，对果树生长有利。在生产上按面宽 80 厘米、深 70 厘米、底宽 60 厘米挖穴，要求在定植前半年挖好。

挖好种植沟和穴后，可进行压青改土。具体方法是先压一层厚 15～20 厘米杂草或绿肥，再压一层约 30 千克猪牛粪或 50 千克堆肥，面上撒一层石灰粉和 1 千克磷肥，然后盖一层表土，如此重复 2～3 次，最后培高种植穴面土约 15～20 厘米，让杂草等有机物分解腐烂，穴土沉实后再种植，一般从挖穴到定植需要 3～6 个月。

四、苗木繁殖

（一）砧木苗的培育

1. 苗圃地选择与整地　选择苗圃地时须考虑：①靠近水源，排灌水方便；②远离病源区；③日照充足，风、冷空气影响不大；④土层深厚、有机质丰富、排水良好的壤土或沙壤土，pH 5.5～7.5；⑤交通方便，便于运输。

芒果苗圃应根据地下水位和地势的高低起畦，水位高地势低应起高畦，一般畦长 10 米、宽 80～100 厘米、高 20 厘米，畦间 40～50 厘米。整畦时宜注意排水，因在育苗期的幼苗忌水，连续多日浸水易导致幼苗发育不良或死亡。整畦时视土壤肥力状况，酌施腐熟有机肥及过磷酸钙做基肥。

2. 种子采集和处理　作砧木用的种子，以选用本地土芒（为多胚品种，如海南本地芒、广西本地芒等）为宜，多胚品种长出的苗为珠心胚类型，较好的保持了母本遗传性状，变异小，生长整齐。土芒不仅与商业栽培品种亲和力强，而且抗性强，作砧木嫁接成活率高。采果时要求母树高产且健康，选果形端正、发育正常、饱满且无病虫害的果实取种。

将充分饱满成熟的种子置于容器中洗净残肉，剔除浮水的种子，在通风处凉干，切勿在强光下曝晒，否则影响发芽率。经试验，阴干后的土芒种子不经任何处理，常温条件下放置 5 天，发芽成活率达到 90％以上，放置 10 天下降到 84％，放置 15 天下降到 50％，随着放置时间越长，发芽成活率越低，种子从下播至萌发出土的时间也越长。

3. 沙床准备　在 60％透光率的荫棚或大棚内，用干净的河沙修筑成长 10 米、宽 1 米、厚 20 厘米的沙床，沙床间隔 40～50 厘米，以便淋水管理，用 50％多菌灵 700 倍液灌透沙床。

4. 剥壳催芽　芒果种核较硬，直接播种发芽率低，长出的苗弯曲，畸形苗比例大。试验结果表明，剥壳、种蒂处剪小口和不剥壳 3 种处理的发芽成活率分别为 100％、75％、60％，后两者苗出土需要的时间较长，分别比剥壳平均所需时间晚 8.5 天和 11.8 天，且长出的苗普遍较矮小；另外，采用种蒂处剪小口处理，经常出现种壳被茎轴顶起悬挂空中的现象，幼叶被种壳紧紧包裹难以伸展，不利于幼苗发育。

剥壳时先用枝剪在种蒂处剪出一个小口（小心别伤到种仁），然后用枝剪夹住种壳一边，沿缝合线向下扭转，撕开种壳（不撕断），反过来再撕另一边，便可取出种仁。（彩图 2-19）

为了保证种子出芽率高，且出芽快、整齐，种仁可用 1 克/千克的高锰酸钾水溶液浸泡 1～2 分钟，接着用赤霉素溶液（50～150 毫克/千克）或清水浸泡 24 小时。试验结果显示，用 50～150 毫克/千克赤霉素溶液或清水浸泡 24 小时后播种，种子的发芽成活率与不浸泡无明显差异，均达 90％以上，但浸泡过后播种苗出土较早。其中，用赤霉素溶液浸泡的最早出土，时间为播种后第 9 天，清水浸泡的为播种后第 11 天，两者苗出土平均所需天数均比不浸泡的早 4.7 天。

播种时种仁宜斜放，腹面朝下，种仁间隔 3～5 厘米；用细沙盖过种仁 1～2 厘米，充分淋水；以后每天淋水保湿。播种后约 9 天可发芽。

5. 砧木苗的管理　砧木苗由于根系浅，组织幼嫩，抗逆力差，易受病虫危害，因此必须加强保护和管理：①淋水保湿但不积水；②遮阴防日灼，最好在苗床上用 50%～75% 透光率的黑色遮光网搭荫棚；③防治病虫害，一般长出第 2～3 蓬梢时，病虫开始危害，主要的病虫害是横线尾夜蛾和炭疽病。

6. 袋装苗培育　选规格为长 30 厘米、宽 20 厘米的塑料袋，装入培养土。一般简易的培养土用肥沃的表土或干牛粪（堆肥）与土 3∶7 混合制成即可。按每袋 1 株苗移入袋内，并装土、淋水即可。如果不催芽，直接播种，可直接植入营养袋。

（二）嫁接技术

1. 嫁接时间　当砧木培育到径粗 1 厘米时，便可进行嫁接。嫁接时间依气候而定，气温低于 20℃ 时不宜嫁接，否则成活率低，一年当中以 3～6 月份为最适宜嫁接季节（海南 3 月份气温已明显回升，其他省份可延长至 4 月份），8～10 月份次之。如果干旱，要在嫁接前 1～2 天灌水，以提高嫁接成活率。

2. 接穗采集和贮存　接穗必须采自品种纯正、无检疫病虫害的营养繁殖树。采接穗时，应在树冠外围选择向阳、无病虫害、粗壮、芽饱满的 1 年生或 2 年生枝条较佳。不宜在正值开花、结果的植株上剪接穗，因植株正处生殖生长阶段，剪取的接穗不易接活。接穗采后，立即剪去叶片（留一小段叶柄），并用拧干水的湿毛巾包扎好，做好标记。试验发现，采穗 1 周后（叶柄自然脱落后）再嫁接，成活率高。

3. 嫁接方法　芒果嫁接方法很多，生产中一般只应用以下两种方法：

（1）芽接法　芽接法又分丁字形芽接和嵌芽接。具体操作程序是：①开芽接位，即在砧木平直的部位剥出一块长 2.5 厘米、宽约 1 厘米的树皮，深达木质部与皮层之间的形成层；②削芽，即在接穗上选芽眼饱满的位置，削取一块大小与砧木接口相同或略小的芽片，深至木质部，然后小心地将木质部去除，仅留下芽片；③放芽与绑扎，即将剥下的芽片对准砧木嫁接口，顺向放入下端的皮囊内，然后用宽约1厘米左右的塑料薄膜自下而上均匀地用力将芽片绑扎紧，至完全密封为止；④解绑与剪砧，即嫁接3周后，用嫁接刀在接口处切开绑带，5天后再检查芽片是否成活。如芽片仍保持绿色，则可在接口上方1厘米处剪去砧顶；如果芽片变为褐色，表明芽片已死亡，则需重新嫁接。

（2）枝接法　枝接法分为切接、嵌接和舌接等，在生产中主要采用切接法。其具体操作方法是：①切割砧木，在比较平直的部位剪顶，注意嫁接口高度一般在砧木离地面30厘米处左右，剪口应向平直一侧面稍为倾斜，在斜切面下部切一块长约3厘米的切口，深度以削去少许木质部为宜；②剥取接穗，即取与砧木粗度相近的接穗，接穗剪成每段约6～7厘米，以顶端留有2～3个芽为准，后将接穗较平的一边直削约3～5厘米，深及木质部即可，对面的另一边斜削约0.5～0.8厘米；③插接穗及绑扎，即将接穗下端插入砧木接口，并使接穗与砧木两边的皮层对贴，然后用塑料薄膜带从下部开始，将接穗和砧木扎紧，上一圈和下一圈重叠1/3～1/4，如此反复，直到所有伤口全部封闭完毕，接口不要留缝，以免雨水渗入接口或内部蒸发。

（三）嫁接苗的管理

1. 抹芽　即剪顶嫁接后，砧木嫁接口下部常会萌发不定芽，必须去掉，以免影响接芽生长。

2. 补接　即嫁接3周后，要检查接穗是否成活，如果没有活，要及时补接。

3. 肥水管理　即苗圃要经常保持湿润，在干旱时要及时灌水，而有积水时要尽快排除，并在嫁接1个月开始，隔月施肥一次，要勤施薄肥，逐月提高施肥浓度。

4. 扶直苗木　接穗部分第一次梢老熟时，斜生的用小竹竿扶直。

5. 病虫害防治　幼苗时期，病虫害容易发生，特别是横线尾夜蛾和炭疽病，要注意防治，一般 10～15 天喷药一次，每蓬新梢喷 2～3 次。

（四）苗木出圃

苗木出圃前，应对苗木的品种、数量、质量进行核实标记，制定苗木出圃计划。芒果起苗分带土起苗和不带土起苗，参照袋装苗出圃标准。带土起苗可采用起苗器进行，起苗时保留直径15～18 厘米的土团，并用稻草或麻袋包扎好泥团，然后立即剪去 1/2 的叶片；不带土起苗，要在起苗前一天灌透水，以免起苗时须根折断，起苗后立即剪去 2/3 的叶片和嫩梢，再用稀泥浆蘸根，按 10 株一小扎、50～100 株一大扎捆好。如要远途运输，则用编织袋或塑料袋包裹根部。

对于袋装苗，出圃标准是：①品种纯度大于 97％；②嫁接部位离地面不超过 30 厘米；砧木接口径粗大于或等于 0.8 厘米；接穗抽梢 2 蓬以上，每蓬梢具完整的老熟叶片 3 片以上，接穗抽出的梢长大于或等于 15 厘米，新梢稳定，离接口 5 厘米处直径大于或等于 0.5 厘米；③接口愈合良好，无肿瘤或缚带绞缢现象；④生长势良好，叶片健全、完整，富有光泽，无叶枯病等检疫性病虫害和凋萎现象，茎、枝无破皮或损裂。（彩图 2 20）

五、品种选择

品种选择是芒果生产成败的重要因素。主要根据当地的气候条件、品种特性和市场情况确定主栽品种。在海南，由于采用产期调节技术，可选择早中熟品种，如台农 1 号、贵妃、白象牙、金煌、红玉等；在广东湛江、广西右江河谷等地，可选择中熟品种，如桂热 82、红象牙、紫花等；在云南华坪、四川攀枝花、福建等地，可选择晚熟品种，如凯特、圣心、吉尔、爱文等。总体来讲，外观好、品质优、市场反映良好、适合当地气候特点的品种才有发展空间。

六、果园定植

（一）定植时间

多在春秋两季进行，特别是 3～5 月份最好。此时气温平和，阴雨天多，湿度大，大风少，植后少淋雨，成活率高。营养袋育的苗，虽然随时都可以种，但是仍以春秋两季为好。不管是裸根苗，还是营养袋苗，种植时一定要避开枝梢生长期，在枝梢开始生长前或枝梢老熟以后种植为宜，否则成活率极低。

（二）定植密度

视品种、地势、土壤状况而定。树冠高大直立的品种应植疏一些，如象牙芒的株行距为 4 米×5 米。一般采用宽行窄株定植，推荐株行距 3 米×（4～5）米或 4 米×（5～6）米。

（三）定植方法

种植前，先挖开一个 30～40 厘米深的穴，将袋装苗轻轻放入穴内，去除塑料袋。裸根苗需将根系分层自然伸展，分层盖回表土，轻轻压实，苗高以根颈高出地面 5 厘米为准，再盖一层约 10 厘米厚的松土，并将土堆成内低外高、形如锅底的土堆，以便淋水。然后，用草覆盖树盘，淋足定根水。在常风较大的地方，种植时要将芽接面迎向来风方向，并在树干旁立一支柱，绑住树干，以增强抗风力，以免强风吹倒植株。种植后，要加强淋水，勤施薄肥，随时检查成活情况，及时补苗，提高果园成林率及整齐度。

第五节 芒果园的管理

一、土壤管理

每年收果前后，在树冠两侧滴水线下各挖一条沟，常规为100厘米×50厘米×40厘米，压入绿肥、腐熟有机肥和磷肥。

建议芒果园行间间种矮生豆科绿肥（如新诺顿豆）、牧草、其他蜜源植物或行间生草，但间作物离芒果树基部应在1米以上，草种选择要求短秆或匍匐生，与芒果无共同病虫害，生育期短，如霍蓟等。

建议芒果根圈或种植带采用周年覆盖。

根圈杂草应用人工、机械或微生物除草剂防除，行间杂草建议使用机械、电力、微生物除草剂或使用本标准推荐的化学除草剂防除。

二、水分管理

在芒果秋梢抽发期、花芽形态分化期、果实发育前中期，如遇旱应及时灌水。推荐15～20天灌水1次。

灌溉用水质量必须符合表2-3的规定。

表2-3 无公害芒果产地灌溉水中污染物的浓度限值

项　　目		浓度限值
pH		5.5～7.5
总汞	≤	0.001毫克/升
总镉	≤	0.005毫克/升
总砷	≤	0.10毫克/升
总铅	≤	0.10毫克/升

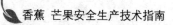

（续）

项　　目		浓度限值
六价铬	≤	0.10 毫克/升
氟化物	≤	3.0 毫克/升
氰化物	≤	0.50 毫克/升
石油类	≤	10 毫克/升

三、花果管理

（一）植物生长调节剂的使用

使用植物生长调节剂时必须按规定的使用浓度、使用方法和使用时间，不应使用未经国家批准登记和生产的植物生长调节剂。

用作控梢促花的植物生长调节剂，推荐浓度为：乙烯利 200～300 毫克/升，15％多效唑每平方米树冠土施 6～8 克，叶面喷施 800～1 000 毫克/升。

用作保花保果用的植物生长调节剂，推荐浓度：赤霉素50～100 毫克/升，萘乙酸 40～50 毫克/升。

植物生长调节剂进行叶面喷施时应加入中性洗衣粉，表面活性剂等，提高药效。

在收获前 1 个月应停止使用植物生长调节剂。

（二）修剪和疏花疏果

对开花率达末级梢数 80％以上的树，保留 70％末级梢着生花序，其余花序从基部摘除，对较大的花序剪除基部三分之一至二分之一的侧花枝。

谢花后至果实发育期，剪除不挂果的花枝以及妨碍果实生长的枝叶；剪除幼果期抽出的春、夏梢。

谢花后 15～30 天内，每条花序保留 2～4 个果，把畸形果、病虫果、过密果疏除，减少套袋后空袋数。

四、幼龄树主要管理措施

（一）栽培管理特点

幼龄树是指芒果苗从定植到第一次开花结果之前，一般为 3 年。这个阶段的管理要点包括：①选择良种壮苗；②合理整形修枝；③科学水土管理。

（二）土壤改良

在土壤瘠薄、结构不良、有机质含量低的地区，应进行土壤改良。一般采取深翻改土措施。

每年在植穴或树冠外围深翻、扩穴、压青。7～9 月份青肥旺盛生长，是深翻压青的好时机。深翻压青要有计划进行，第 1 年在穴的东西两边深翻，第 2 年在南北两边，第 3、第 4 年周而复始。一年扩两边穴，若干年后全园就都作过一次以上深翻改土了。每次在植穴或树冠叶幕下挖长 80～150 厘米、深与宽各 40～50 厘米的施肥沟，每条沟压入绿肥或青草 50 千克，厩肥或土杂肥 10～20 千克，过磷酸钙 0.5～1.0 千克，再回填表土。施肥沟开始短些，随着树冠扩大而加长。实践表明，经深翻施有机肥的植株根群较发达、植株生长也旺盛，产量也较高。

（三）间作和覆盖

1. 间作 如幼树果园空地较多，可进行间作。间作作物要有利于芒果树的生长发育。一般可间作西瓜、花生、菠萝、豆类或绿肥。在种植密度较高的果园，一般只能在定植的当年间作作物，而且最好是种绿肥。

2. 覆盖 在芒果根圈盖草或利用间作物覆盖地面，可抑制杂草生长，增加土壤有机质，防止土壤板结，保持土壤团粒结构以增加通气性，还有减少蒸发和水土流失、防风固沙的作用，而且缩小地面温度变化的幅度，改善生态条件，有利于芒果树的生长发育。

（四）施肥

1. 施肥时期 幼树施肥时期，可根据抽梢次数来分，一般为 4～6 次。如定植前基肥充足，种植后第 1 年不用施肥。幼树施肥要根据"少量多次，勤施薄施"的原则。

2. 施肥量 芒果幼树侧根少，须根不发达，一般施肥量不能过大。1～3 年生的幼树每株施有机肥 30～70 千克、过磷酸钙与钙镁磷肥 0.5～1.5 千克、尿素 0.2～0.5 千克、钾肥 0.15～0.45 千克。也可以在幼树定植成活后萌抽新梢开始，用稀薄腐熟粪水或 0.5％尿素加钾肥或复合肥根外追肥。

3. 施肥方法 芒果幼树根系浅，分布范围也不大，以浅施为宜。以后，随着树龄增大，根系扩展，施肥的范围和深度也要逐年加深和扩大，满足果树对肥料日益增长的需要。施肥方法主要有以下 2 种。

（1）土壤施肥 定植一年后，对幼树施肥前应先将树盘土壤小心扒开，将水肥均匀施于离树头 20 厘米以外的树盘内，然后淋水，待肥水完全渗入土壤后覆土；对定植 2～3 年的幼树，可采用环状施肥，即在树冠外围稍远处挖环状沟施肥。

（2）根外施肥 也叫叶面喷施。此法简单易行，用肥量少，发挥作用快。但根外施肥时，一定要注意施肥浓度和时间。

（五）灌水和排水

水分是芒果生长健壮、高产、稳产、连年丰产和长寿的重要因素。必须适时进行灌水和排水，以满足芒果生长发育的需要。

1. 灌水　芒果每年对水分的需要量很大。新植的幼树，根系浅，主根不发达，对水分的需求只能靠灌水。灌水的方法，先是锄松树盘的表土，等灌足水后，再盖上一层松土。

2. 排水　土壤积水对芒果生长影响很大，首先是芒果根的呼吸作用受到抑制，其次是防碍土壤中微生物的活动，从而降低土壤肥力。所以，在降雨量大的产区，应做好排水工作。一般平地芒果园的排水系统，主要有明沟排水和暗沟排水两种。

（六）整形与修剪

1. 树冠类型　芒果不同品种有不同的树形。目前栽种的品种大致有以下三种类型。

（1）椭圆形　树形高而直立，在自然生长条件下形成椭圆形的树冠，高度大于冠幅，主干粗壮，骨干枝直生，如象牙芒、金煌芒等。这类树从苗期定植抽芽后就应抓紧整形，可在苗木离地面40～60厘米处短截主干，促进分枝，从中培养1～2条长势均匀、粗壮的骨干枝，用人工牵引、修剪等措施使枝条斜生，形成较开展的椭圆形树冠。

（2）圆头形　树冠开展，株高与冠幅相近，自然生长下形成圆头形树冠，主干明显而短，分枝粗壮，疏密适度，椰香芒等大多数属这一类。在苗期，要强化一级枝，通过短截、修枝等措施，使一级枝成为强健的骨架，以期形成既开展、矮生，又不易下垂的树冠。

（3）扁圆形或伞形　树矮，主干短，分枝低，枝条容易下垂，自然生长下形成扁圆和伞形树冠，植株高度小于冠幅。如秋芒等属此类型。对此类型树，要适当疏剪过多的枝条，培养3～5条生长均匀的主枝，使之形成理想的树形。

2. 整形方法

（1）短截

轻度：轻剪末级梢部分密节芽，或第二级梢密节芽上端剪去整条末级梢，对中等以上枝使用。

中度：在末级梢或第二级梢密节芽密芽下发枝 1～3 条，针对弱枝使用。

重度：在第二级梢甚至第三级梢枝条基部小叶片处短截，发枝 1～2 条，对特别旺枝使用。

（2）疏剪 短截后抽发过多梢时或树冠过密时，将过密枝、过弱枝、重叠交叉枝条从分枝基部剪除。发枝力强的品种应以疏枝为主，短截量占总末级梢 1/3，短截后促弱芽萌发。

（3）抹芽 疏剪相似，但在幼梢期进行与轻短截配合使用。

（4）摘心 在新梢未老熟前，将最嫩部摘除，与轻剪相同。

（5）拉枝 拉主枝加大与主干分枝角度，促均匀分布。

（6）修剪期和修剪量 在整个生长季节均施行。①自然圆头形树冠（多用摘心、抹芽、拉枝弯枝、而少用剪枝），定干：50～70 厘米摘心或剪项，促分枝；主枝：留 3～4 个新梢作主枝，其余抹去；树形培养：主枝长 40～50 厘米摘心，促侧分枝，侧枝留 2 条 30～40 厘米时剪项，促第 3 级分枝，依此类推，形式自然圆头树形。②主枝分层形，定干：主干高度 50～70 厘米，摘心，促分枝；选主枝：第一层主枝，留 1 条直立强枝作中心主干，其余 2 条拉枝使之与中心主干成 60°～70°角度，均匀分布。中心主干长到距第一层主枝 100～120 厘米高时，剪项促分枝成第二层主枝，如此类推，形成第三层主枝、树干控制在 3 米。各层主干错开成十字形。适用于干性强、长势旺的品种，如青皮、白象牙、红象牙等。侧枝选留：第一层主枝上留 3～4 个芽为侧枝（副主枝），第一侧枝距中心主干 40～60 厘米，侧枝之间 20～25 厘米，在侧枝重保留 1 条作延续主枝，待长到距第一层侧枝 40～50 厘米留第二层侧枝，第二层主枝上侧枝 1～2 条。

骨干枝选定后，剪除其余扰乱树形的枝，但中心主干上的自然枝每次可保留 1～2 条作辅养枝。

五、结果树主要管理措施

（一）土壤耕作与培土

1. 土壤耕作 土壤耕作对成龄芒果园来说，主要是中耕锄草。中耕是在秋季对芒果园进行浅锄，使土壤保持疏松透气，促进微生物繁殖和有机物氧化分解，短期内可显著增加土壤氮素；中耕还能切断土壤毛细管，减少水分蒸发，增强土壤的保水能力。因此，中耕能起到锄草、保肥、保水的作用。同时，它还能消灭大量的杂草，减少病虫的滋生。中耕的深度一般为20～40厘米，过深伤根，对芒果生长不利；过浅则起不到中耕应有的作用。中耕时期，一般应在果实迅速增大下垂至采果后，可中耕2～3次。

2. 培土 培土具有增厚土层、保护根系、增加营养、改良土壤结构等作用。我国南方芒果种植地区高温多雨，土壤流失严重，因此加厚土层，既保护了根系，又有施肥的作用。培土每年都要进行。土质黏重的果园，应培含沙质较多的疏松肥土；含沙质较多的果园，应培塘泥、河泥等黏重的土壤。培土的方法是，把土块均匀地分布全园，经晾晒打碎，通过耕作把所培的土和原来的土壤逐步混合起来。培土的厚度要适宜，过薄起不到培土的作用，过厚不利于芒果树的生长发育。

（二）施肥

详见第六节。

（三）枝梢修剪

1. 采果后 疏除过密枝、病虫枝、枯枝、弱枝、衰老枝和下垂枝；回缩交叉枝、重叠枝；短截结果母枝；强枝轻剪，弱枝中剪，密度大和无绿叶母枝疏剪。

2. 抽梢期 秋抽发后抹芽，第 1 基枝留 1～3 条，弱树留强枝，中等树留中等，强壮树留弱梢。第 2 次梢留 1 条。

3. 花期 去除过多花序，保持 10％末级枝无花，每梢 1 个花序，如抽出多个花序应在 5～6 厘米时疏去。开花不足 50％的树，抹除花果附近春梢，其余保留 1 条春梢 2～3 片叶摘心，对夏梢全部抹除。开花坐果期只能疏剪不能短截。

4. 果期 每一条母枝保留 1～3 个果；如为败育果的可适当多留。继续抹除营养枝和夏梢。

（四）芒果高接换种方法

换种前，对换种树要加强肥水管理。地上部分适当修剪，把病枝、枯枝、阴枝、过密枝、交叉枝剪除；对多年生的大树，应在春、秋季于离地面 1.2～1.5 米处锯断主侧枝（春锯秋嫁接，秋锯次春嫁接），留下部分小枝。锯口萌抽新梢后，每个锯口只留分布均匀的 2～3 条新梢，待新梢老熟后，其直径在 0.5～0.8 厘米以上时，即可在新梢上嫁接。接前 15 天，应停止施肥，可减慢树液流动，有利嫁接。

在树液即将流动时，即在新梢抽出前，砧木和接穗易剥皮时嫁接。高温、低温或雨天高接换种，成活率均较低，而春接（3～4 月份）和秋接（8 月中旬至 9 月中旬），成活率可达 90％以上。5 月份高接换种虽可成活，但成活后发芽时正遇高温，很易出现回枯现象；11 月份后高接的也可成活，但此时正遇干旱及温度逐渐下降，成活萌芽后遇低温，长势缓慢，甚至新梢会出现冻伤或冻死现象。

从结果优良的母枝上选择树冠外围粗壮、无病虫害的老熟枝或木栓化枝作接穗。嫁接方法有芽片贴接、单芽枝腹接和单芽切接法。未短截枝干的树，在离地面 1.0～1.5 米处的原枝条高接，采用芽片贴接或单芽枝腹接；已截枝干的新枝采用切接法，也可用芽片贴接法。嫁接时，最好使用特薄的薄膜包扎。单层薄膜包

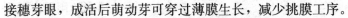

接穗芽眼，成活后萌动芽可穿过薄膜生长，减少挑膜工序。

嫁接成活后，不应过早解除薄膜，否则新梢会枯萎。一般在第1次新梢转绿时解绑最安全；过迟解绑，会影响砧木和接穗增粗生长，并且会引起腐烂。芽枝腹接和芽片贴接的，应在接后30～40天，先剪去接口上8～10厘米的枝梢，待新芽变为老熟枝梢后再解绑，并进行第2次剪砧，即剪至接口上方为宜。（彩图2-21，彩图2-22）

（五）芒果产期调节技术

芒果从开花到果实成熟大约需110～130天，成熟期从每年的4月至9～10月，不同的品种成熟期不同，调节芒果的成熟期，主要从以下几方面着手。

1. 采用生长调节剂提早花期 以海南芒果产期调节技术为例来说明。海南冬春季气温较高，低温时间短，芒果开花较难、较晚，大部分芒果园都施用多效唑控梢促花，芒果花期可提前1～2个月。

（1）土施多效唑 在当年抽出的第二蓬新梢叶片转为古铜色时，即可土施多效唑，时间一般在6～7月份。海南南部稍早，约在5月份施；西北部较晚些，约在8月份施。方法是：距芒果树干约40～50厘米开2条环形浅沟，或绕树冠开1条圈沟，沟深约15厘米，将多效唑对水均匀淋于沟内，淋足水，盖土；每天淋水2次，连续3天；如不下雨，以后每5天淋水1次。土施多效唑后，前期浇足水很重要，这有利于芒果树的吸收。用药量要依据树冠大小来定，一般正常树树冠直径平均每米施多效唑10克（含量为15%的粉剂）；土施多效唑用量还与土壤肥力、树的壮弱、树叶量的多少有关，一般沙壤土少施，黏性土多施；树弱、叶量少的树少施，树壮、叶量多的树多施。

（2）控梢 叶片转浅绿色后即喷多效唑500倍液加磷酸二氢钾，连喷2次；叶片变深绿老熟后用乙烯利加甲哌嗡或萘乙酸叶面控梢，一般每周喷一次，连喷 5 次左右。乙烯利的用量由低到高，第 1 次每壶水（15 千克）配乙烯利 10 毫升，以后逐步提高浓度，最高浓度可用到每壶水配乙烯利 20 毫升，即 750 倍液。乙烯利一般要配合甲哌嗡、萘乙酸或磷酸二氢钾使用，只喷叶片正面，这些措施可减轻乙烯利对芒果树的药害。与此同时，还可土施磷、钾肥控梢，每株树施硫酸钾 0.5 千克、过磷酸钙 1～2 千克，可混合施或与有机肥混合施。

（3）叶面促花　控梢 2 个月后即可进行叶面促花，每壶水配乙烯利 10～15 毫升加多效唑 30 克或烯效唑 15 克，再加叶面肥，一般可加硝酸钾 30～50 克、磷酸二氢钾 30 克或高磷叶面肥，还要加细胞分裂素、核苷酸等，喷 2～3 次，每 5～8 天一次。

2. 通过品种搭配错开花期　目前芒果种植品种相对比较单一，成熟期较为集中，由于芒果贮藏期较短，进入丰产期后，大量相同成熟期的果实集中上市，将会影响到果实的销售处理。因此，对于区域性种植的芒果来说，通过不同成熟期品种搭配种植，利用早、中、迟熟品种的不同特性，开花期、成熟期不同来调节芒果成熟期。如广西早、中、晚熟品种的组合之一为粤西 1 号、紫花芒、桂香芒或红芒 6 号，还可选择吕宋芒、象牙芒、秋芒组合。

3. 推迟花期　通过农业措施促使芒果抽发冬梢，结合药物处理，利用冬梢结果，能把花期向后推迟 1 个月，使芒果在受不良天气影响机率较小的 4～5 月份开花，有利于结果，同时也推迟了产期。芒果秋梢结果，花期集中在 2～3 月份，这时往往遇到较长时间的低温阴雨天气，致使芒果产量不稳定。具体做法：①抽发二次秋梢后，在秋季加强果园的水肥管理，增施 1～2 次速效肥，天旱时灌溉，可促使冬梢 11 月中旬抽生，1 月份老熟；②冬梢自然抽穗率低，必须用药物适时适量处理才能达到预期抽穗和提高抽穗率目的。在 2～3 月连续喷施多效唑 200 毫克/升 3 次，使冬梢抽穗率达 90%，与秋梢抽穗率接近。用药物调控推迟产期一般采用"先抑后促"的方法。在 11 月至 12 月份花芽分化前连喷 2～3 次浓度为 100～200 毫克/升赤霉素，翌年 2～3 月份再土施多效唑，将花期推迟至 6 月以后，收果期在 9～11 月份。在海南目前通过在花序生长到 10～20 厘米时摘除花序推迟花期，可以推迟花期 1 个月左右。

4. 提早或延迟采收 通过对果实喷药提早或延迟采收，在坐果后每月喷施一次 75 毫克/升青鲜素（MH），能使采收季节推迟 2 周，并能增加单果重。芒果开始坐果后每月喷施一次 25 毫克/升的萘乙酸（NAA），能使果实采收期提前 2 周，并能增加果实的类胡萝卜素，使果实色泽更加诱人。

（六）芒果的套袋技术

1. 套袋的优点 芒果套袋也是近年来的研究重点。芒果套袋的主要优点：①保护果面，防病虫、防锈和果实之间碰撞，使果面光洁细腻；②提高果实内部品质；③减少喷药次数，降低农药残留量和生产成本；④提高果实耐贮性，延长货架期；⑤提高果品售价，增加收入。

2. 果袋的种类和规格 适合芒果套袋的果袋有很多种类，通常有 2 类。一类为白色单层袋，另一类为双层袋，外层为浅黄色，内层为黑色。由于不同的果袋其质量、纸层、色泽不一，导致袋内微环境的温度、湿度、光照差异也较大。比较好的果袋应具有以下特性：纸质软、扎袋方便、套袋效率高；透气性、透湿性好，促进果实生长；透光度适中，可更好地促进糖度上升，促进提早成熟；经特殊抗水剂处理，耐风雨；经特殊防虫剂处理，能更好更有效防止虫害。

不同芒果品种，因果实大小不同所使用的果袋规格也不同。例如金煌芒用外黄内黑双层专用袋，规格为 36 厘米×22 厘米，紫花芒用黄色或白色单层专用袋或外黄内黑双层专用袋，规格为 27 厘米×18 厘米；台农 1 号用外黄内黑双层或外黄内红双层专用袋，规格为 26 厘米×18 厘米；桂热 10 号用外黄内黑双层专用袋，规格为 32 厘米×18 厘米，其他品种根据具体情况定。因此，果农要综合考虑果袋的光、温特性及当地气候、果园条件、树种品种特性和生产目等各方面来选择合适的袋型，最好选择专业厂家生产的质量较好的纸袋。（彩图 2-23）

3. 套袋时期 套袋时期选择也非常重要，一般套袋时间越早，套袋果外观品质越好，越有利于减少病虫害。但套袋过早，由于果柄幼嫩，易受损伤而影响以后果实的生长，同时由因生理落果而影响套袋的成功率；套袋过晚，果实过大，增加了套袋的难度，且易将果实套落，同时果面的果点多而大，进而影响果实着色。芒果坐果率很低，生理落果严重，为降低成本，减少损失，套袋应在第 2 次生理落后、采收前 50 天左右进行，套袋时间也不宜过迟，如少于 1 个月则无法充分发挥套袋的作用。

4. 套袋方法 套袋时先将纸袋撑开，使之膨胀起来，然后用左手两指夹果柄，右手拿着纸袋，将幼果套入袋内，袋口按顺序向中部折叠，最后弯折封口铁丝，将袋口绑紧于果柄上部，套袋后应使果实在袋内悬空，防止袋纸贴近果皮造成摩擦伤或日灼。纸袋的生产厂家不同，规格不同，绑扎的要求亦不同，使用时应按要求进行。此外，还应注意以下几点：①套袋前应对果面喷施杀菌和杀虫混合剂及叶面肥 1～2 次，待果实上药液干后再套袋，而且需在 2～3 天内作业完毕；②在下雨天或清晨果实露水未干时，勿套袋；③套袋时宜从树顶开始，然后往下向树冠外围，选发育较好的果实套袋；④袋内不要留有叶片；⑤不同成熟期的果实，在套袋时最好要有不同标志以便成熟时分期、分批采收。

5. 摘袋时间 摘除果袋时间应根据品种成熟期和气候条件确定，在不同的品种上套袋时，应根据果实外观特点和商品目的摸索出最佳摘袋时间。一般摘袋时间愈早，晒果时间愈长，果色越接近果实固有色泽。所以在生产中，若想达到接近果实固有色泽的目的，应适当提早摘袋；欲使果色较浅，则应适当推迟摘袋时间甚至带袋采收（如金煌）。摘袋前最好把袋周围影响光照的叶片摘除，选晴天除袋。若除袋时气温较高，光照较强，则应预先从底部把袋纵向撕开通风，否则有可能出现果实阳面日灼。红色品种红象牙、爱文、贵妃等，套袋后着色不是很理想，在收获前10～15天左右除袋，可以增加果面着色。（彩图2-24）

六、应对不良灾害天气的措施

芒果在生产过程中会遇到各种不良灾害天气的影响，主要包括寒害、水灾、热带风暴等。

（一）寒害

1. 寒害前处理　在低温出现前期和初期，要及时观察，加强果园的田间管理和预防工作。

（1）叶面喷肥（药）保护　入冬前，叶片可喷磷酸二氢钾（0.1%～0.3%）等，提高汁液的浓度。也可喷高脂膜（200倍液）、抑蒸剂（1%）等，对防干冷有利。

（2）覆盖　用地膜、稻草等覆盖幼龄果园或苗圃，尤其是果树周边，可减少地面辐射，冬期提高土温，增加根系活力。在小苗期，冷空气来临前预计气温可能低于5℃时，应采取塑料薄膜覆盖小苗。具体操作方法：准备长1.5米，宽1.5～2.0厘米的竹条，竹条间隔1米，每行两头各2条，插入沟深5～10厘米，盖上宽1.5米，厚0.1～0.14毫米的长条防寒薄膜，薄膜周边覆土密封好。膜覆盖的幼苗，如果白天最高气温大于20℃，日照时间长，容易缺水分，应注意淋水，一般每15天淋一次。随着气温回升，揭开覆盖的薄膜，装好灌溉设施进行常规管理。

（3）灌水、熏烟　即灌水防霜、灌水防干冷。预报霜冻的夜晚，在果园熏烟可减少霜害。熏烟效果取决熏烟时间、熏烟材料和熏烟风向。预报夜晚有霜冻的下午，果园灌进温度较高的跑马水，也可提高地温，保护根系。霜冻的早晨用水喷洗霜水，也可减轻霜害。寒潮来临前，果园进行一次充分灌水，将地表灌湿，能有效地预防干冷冷害。

2. 寒害处理

（1）处理原则　寒害处理要适时，不能太早或太迟。果园遭冻伤后，枝条或茎干干枯要在一段时间后才出现，并且有一段回枯发展的时间。寒害处理要适当，不要人为扩大伤口，也不要因不处理或处理不当引起横线尾夜蛾和天牛的侵入。

采取养、防、治三结合的综合处理措施。"养"是加强灾后的水肥管理；"防"是防止横线尾夜蛾和天牛危害，防伤口暴露的木质部腐烂；"治"是治理伤口，促进愈合。

（2）处理时间　处理的时间一般以灾后气温已稳定回升，受害症状稳定时为好。但是，有时会出现倒春寒，因此必须确定气温不再大幅下降以后才做处理，但应在雨季来临前处理完毕。另外，对于沤花和沤果的寒害，需要在寒害发生后及时进行处理。

（3）苗圃受害苗的处理　受害嫁接苗原则上枯到那里剪到那里。如果接穗死亡，使其重新抽芽后培养新的茎干重新嫁接。

（4）受害幼树的处理　1～2年生树，枯处离芽接位不足30厘米的，在芽接位以上10～15厘米处剪干，重新培养分枝。已分枝的受害幼树，枯至离芽接位30厘米以上的，把受害叶片和枯枝剪除。

快结果的幼树，把受害叶片和枯枝剪除；各级分枝树皮干枯达1/3树围的，应在干枯部位下方截干，并将切口用沥青合剂等涂封；茎干树皮干枯未达1/3树围的，不截干，但要用沥青合剂等涂封。

（5）受害开花挂果树的处理　①及时摘除受冻花穗。许多芒果品种特别是早熟品种再抽花能力较强，受冻花穗早摘除后，能再次培育二次花。②摇枝。开花期每天摇动树枝，有利于花粉飘散，增加授粉机会。此外，在阴雨天摇树可摇落水珠和已凋谢的花朵，以防沤花沤果。③适当控制花量、果量。受冻后落叶多的芒果树，在开花前应短截或疏剪部分成花母枝，以减少花量；在第二次生理落果结束后，对挂果较多的植株还应及时疏果，减少树体负担。④适时适度修剪。对受冻的芒果树，在气温稳定回升后，采取小伤摘叶、中伤剪枝、大伤锯干的措施；对枝干完好、叶片焦枯未落的，尽早进行人工辅助脱叶；对冻伤痕迹明显的枝、干，及时从枝干死、活处下 2 厘米"带青"修剪。如伤口较大，采用手锯，锯面的方向应与芽位的方向相反。锯口斜度以 20°～30°角为宜，斜度大伤口不易愈合，锯口过平则易积水，引起锯口腐烂，也不利于伤口愈合。锯口用沥青或沥青合剂涂封木质部，涂封伤口的时间不宜太早，应在切锯后 2～3 天锯口干燥后进行，否则涂封剂下面会冒水泡，影响涂封剂的效果。对冻死树，要尽快刨除，补栽新苗。对冻害到芽接部位以下的，待新抽枝条后再行嫁接。

3. 灾后措施

（1）**清除积雪**　对已被大雪覆盖的果园，要尽快采取措施清除树枝上的积雪，防止积雪压劈压断树枝。有条件的果园，在清除树体、树盘积雪后，应尽快用稻草包扎树干和覆盖树盘来保温；对育苗圃，清除积雪后，要全园覆盖稻草和薄膜。对处于挂果期的果园，要及时清除果面积雪和薄冰，防止果面冻伤。

（2）**人工养蝇**　对于寒害后开花的果园，人工养蝇并引蝇上树，以利授粉、受精，提高坐果率。

（3）**加强促花管理**　对于未开花前受害摘除的花穗，叶面喷施 1%～2%硝酸钾或 0.2%～0.5%磷酸二氢钾、10～20 毫克/千克细胞分裂素，可促进再次成花并提高花的质量。对于开花后摘除的花穗，由于开花消耗较多贮藏营养，可在摘花后叶面喷施 200～300 毫克/升的乙烯利＋800～1 000 毫克/升的 15%多效唑催花，还可喷布 1.5%～2%硝酸钾溶液 2 次促进花芽萌发。

（4）做好保果措施 对于已经开花正处于幼果期的果园，由于正处于幼胚发育期，低温会影响幼胚的发育，叶面喷施 2～3 次 10～20 毫克/千克赤霉素或萘乙酸 10～30 毫克/千克，促进种胚的发育。

（5）加强土肥水管理 气温稳定回升后，对受冻后芒果园及时进行一次中耕松土；对受冻较轻的芒果园及时施春季萌芽肥，用尿素进行 2～3 次萌芽期根外追肥；对冻害发生较重的芒果园，宜勤施薄施，在春梢展叶后用 0.3%～0.5% 的尿素或沼液进行多次进行叶面追肥。对受冻害果园早春全园喷用浓度 180～300 倍的 45% 结晶石硫合剂，如受冻后发生树脂病、炭疽病等病害，及时选用春雷霉素、多菌灵、甲基硫菌灵、代森锰锌等进行防治。

（6）加大病虫害监控力度 低温阴雨后湿度较大，加上气温回升，有利于白粉病、炭疽病、流胶病等的流行发生，要及时做好病虫防治。

4. 芒果树抗寒栽培技术措施 利用一些栽培技术措施可以在一定程度上避免寒害对芒果树的影响。包括：①选择避寒环境；②合理配置品系，寒害多发生在 2～3 级的劣质品种或缺乏市场竞争力的品种，改接耐寒力较强、适生性好、品质优良、市场前景好的品种，以适应市场的需求，提高竞争力；③提倡早春定植；④合理施肥；⑤根圈盖草（离开树干约 20 厘米）并草上覆土；⑥收果后合理修剪疏枝；⑦育苗圃设置暖棚、熏烟或防风障等。

（二）水灾

1. 预防 对地势低洼的果园，要做好排涝防范工作，果园里围沟、中沟和畦沟要沟沟相通，形成防涝体系。对平地果园，要加紧修整和加固排水沟渠系统，保证完善畅通。对山地果园，要把果园四周的防护沟修通、加深、加固，利用顶部的防护沟作

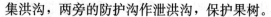

集洪沟，两旁的防护沟作泄洪沟，保护果树。

2. 灾后处理

（1）加强苗木繁育基地防洪保苗 对地势平坦的苗木繁育基地，要全力以赴做好排水防洪工作；容器育苗、活动苗床育苗、营养杯育苗能搬动的，尽量垫高或往高处搬，以保证灾后恢复生产的苗木供应。塑料大棚、网棚要及时加固，防治病虫害侵入。

（2）加强受灾果树的管护 切实做好果园开沟排水，疏通排洪沟，降低地下水位，防止果树由于长时间积水，引起根系生长不良。对低洼地的果园则要建成深沟高畦，排灌系统分开，即深沟排水，浅沟灌水，每隔2～3行开深沟排水或筑墩栽培。进行中耕松土，恢复土壤的通透性，增强根系活力，避免死根烂根。对被冲倒的果树及时扶正，培土护根，清除树冠上的杂物，冲洗泥渍，恢复叶片功能。要通过根外施肥为主的措施，补充树体营养，促进树势恢复。对浸泡时间长、受灾严重的果园，要在固树复势的同时，进行土壤消毒、疏枝回缩，并进行适当疏果，减轻树体负担，促进恢复生长。

（3）加强土壤管理 由于暴雨猛击地面，土壤板结，通透性差，根系吸肥吸水能力下降。因此，暴雨过后应对板结果园进行中耕，加速土壤微生物的繁殖和土壤养分的分解；促进根系尽快恢复生理机能，提高对土壤养分和水分的吸收能力，促使果树恢复生长。

（4）加强生理落果期的果树护理 对处于生理落果期的树，要针对雨水充足、枝梢旺发的问题，及时进行控梢保果，从梢萌发后到叶片转绿前，及时采取化学控梢和人工抹梢的方式将嫩梢杀死或摘除，集中养分供应果实发育，提高坐果率。

（5）根外追肥 暴雨过后，可用 0.2%～0.3% 的尿素液和磷酸二氢钾液混合进行根外追肥。

（6）抓好防病工作 对进入成熟期的芒果，要及时采收，减少损失。对因高温多湿天气引起的病害，要抓住有利时机喷药防治。重点防治因高温多湿天气引起的病害和渍水伤害引起的各种生理性病害。如细菌性黑斑病、炭疽病等。可用甲基托布津、代森锌、退菌特、敌力脱、乙磷铝（锰锌）、腈菌唑、扑霉特等农药。对各种树体缺素症要补充微量元素肥料。在防病治病过程中必须确保产品质量安全，严格按规定使用农药，保证用药安全期限，实行安全生产。

（三）热带风暴

微风对果树生长有利，可减少病虫危害。大风即当风力≥6级（10.8～13.8 米/秒）时，则对果树生长造成影响。若遭强风，除引起落叶、落花、落果外，还会被风刮倒、折枝。风后需1～2个月或半年时间才能恢复。华南沿海和北部平原、台地常风大，内陆和山区常风小，7～11月份成熟的果实，常受台风的影响，严重的导致植株死亡。因此。搞好防风工作非常重要。

1. 风暴前的预防

（1）科学规划　为了避免或减少大风与台风的危害，应选择避风地方或远离海边建园，建园时避免在风口、北坡、西北坡建园，并种好防护林，实行矮化栽培。

（2）搭架固定　在预知热带风暴的情况下，对挂果的果园，可用木条或竹竿搭架，宜搭四支架。按树的高度备材料，在地面滴水线内埋入四支桩，然后在顶端用小竹或铁线连成四边形，再在中间加一条横木连接主干，分枝就绑在四边形架上，防风效果好。

2. 风后处理　风后会造成幼树植株摇动、倒伏、折枝损枝、叶片损伤或破碎，导致伤根和感染细菌性叶斑病、炭疽病、流胶病等，严重者导致植株枯死。故风暴过后必须进行风后处理。

（1）排水降温　在大风大雨过后，要抓紧时间深挖排水沟放水出果园，降低园内土壤和空气湿度，减少果树因根系长期浸水窒息而受害死亡，尽快修理被大水冲毁的排水系统和果园基本设施。

（2）修枝整形 对于被刮倒的果树，修枝、整形、矮化可以适当重一点，可以在树高 3/4 处定为修剪位置。通过修枝整形，减少果树地面部分的重量，减少叶片量，避免枝繁叶茂，蒸腾量大失水，提高果树矫正后成活率。对因风害折断的枝干，应用锯修平，并涂以波尔多液保护。将折枝和落叶全部清除出园，集中烧毁。

（3）扶正 对土壤干旱、土质较硬，在扶正前应先土壤淋水，使树桩及周边泥土潮湿疏松，减少阻力，避免扶正后过多伤根，并用干土填入空洞、压紧；低畦积水地的果树应尽早排水，待地下水位下降后再扶正种植，避免根系细菌感染和无氧呼吸中毒。为了避免过多的人为伤根，一般不要求恢复至原位，有所偏斜也无妨，只要能固定（可用木条和竹竿支撑）就可以了，特别是长势极强、多年不开花结果的果树，扶正种植后有一定倾斜度，能有效地抬高生殖生长优势，利于控梢催花。

（4）风后进行病虫害防治 主要预防根腐病、细菌性叶斑病、叶枯病、流胶病、炭疽病。在做好排水的基础上，喷杀菌剂，以预防病害发生。

根腐病：天晴后立即用 70％根腐灵灌根；或用 70％敌克松可湿性粉剂 1 000 倍液、50％多菌灵可湿性粉剂 500 倍液，每株灌药液 0.3～0.5 千克，7～10 天一次，连灌 2～3 次。

细菌性叶斑病、叶枯病：每次台风或暴风雨后立即喷 1％的波尔多液预防，也用 30％氢氧化铜或 70％百菌清 800 倍液预防或用 120 单位的硫酸链霉素。

流胶病：涂 10％的波尔多液保护，或用 1％波尔多液、40％多菌灵 200 倍液、75％百菌清 500 倍液喷雾保护，每隔 10 天喷一次，连续 2～3 次。

炭疽病：常用的杀菌剂有 1：1：100 的波尔多液、40％多菌灵 200 倍液、25％代森锌液 400 倍液、75％百菌清 500 倍液、

70％甲基托布津1 000～1 500倍液等，均有防治效果。此外，用1.5％的多氧霉素或5％菌毒清300倍液、2％农抗120水剂500～600倍液等亦有效。每10天喷一次，连喷2～3次。

第六节 芒果施肥

一、施肥原则

肥料是芒果速生快长、早实丰产的物质基础。合理施肥是芒果高产稳产不可缺少的条件。据资料介绍，芒果最需要的主要营养元素包括氮（N）、磷（P）、钾（K）、镁（Mg）、钙（Ca）、硫（S），同时，硼（B）、锌（Zn）、铜（Cu）、锰（Mn）、钼（Mu）缺乏或不足，也会影响植株生长，使果实发育不正常。根据芒果生长发育及对肥料需求的特点，芒果安全施肥的主要原则如下。

（1）推荐使用表2-4的肥料种类，不应使用硝态氮肥。

表2-4 无公害食品芒果生产允许使用的肥料种类

分 类	名 称	特 点
农家肥料	1. 堆肥	以各类秸秆、落叶、人畜粪便堆积而成
	2. 沤肥	堆肥的原料在淹水条件下进行发酵而成
	3. 积肥	猪、羊、牛、鸡、鸭等畜禽粪尿与秸秆垫料堆制而成
	4. 绿肥	栽培或野生的绿色植物体作肥料
	5. 沼气肥	沼气液或残渣
	6. 秸秆	作物秸秆
	7. 泥肥	未经污染的河泥、塘泥、沟泥等
	8. 饼肥	菜籽饼、棉籽饼、芝麻饼、茶籽饼、花生饼、豆饼等
	9. 灰肥	草木灰、木炭、稻草灰、糠灰等

（续）

分　类	名　称	特　点
商品肥料	1.商品有机肥	以生物物质、动植物残体、排泄物、废原料加工制成
	2.腐殖酸类肥料	甘蔗滤泥、泥炭土等含腐殖酸类物质的肥料、环亚氨基酸等
	3.微生物肥料	
	根瘤菌肥料	能在豆科植物上形成根瘤的根瘤菌剂
	固氮菌肥料	含有自身固氮菌、联合固氮菌剂的肥料
	磷细菌肥料	含有磷细菌、解磷真菌、菌根菌剂的肥料
	硅酸盐细菌肥料	含有硅酸盐细菌、其他解钾微生物制剂
	复合微生物肥料	含有两种以上有益微生物，相互之间互不拮抗的微生物制剂
	4.有机—无机复合肥	以有机物质和少量无机物质复合而成的肥料，如畜禽粪便加入适量锰、锌、硼等微量元素制成
	5.无机肥料	
	氮肥	尿素、氯化铵
	磷肥	过磷酸钙、钙镁磷肥、磷矿粉
	钾肥	氯化钾、硫酸钾
	钙镁肥	石灰石、钙镁磷肥
	复合肥	二元、三元复合肥
	6.叶面肥	
	生长辅助类	青丰可得、云薹素、万得福、绿丰宝、爱多收、迦姆丰收、施尔得、云大120、2116、奥普尔、高美施、惠满丰等
	微量元素类	含有铜、铁、锰、锌、硼、钼等微量元素及磷酸二氢钾、尿素、氯化钾等配置的肥料
其他肥料	海肥	不含防腐剂的鱼渣、虾渣、贝蚧类等
	动物杂肥	不含防腐剂的牛羊毛废料、骨粉、家畜加工废料等

（2）化肥必须与有机肥配合使用，建议化肥、有机肥和微生物肥配合使用。

（3）制作堆肥用的农家肥，应经 50℃ 以上高温发酵 5～7 天，充分腐熟后才能使用。不应使用含重金属和有害物质的城市生活垃圾、污泥、医院的粪便垃圾和工业垃圾。此类垃圾要经过无害化处理后，达到 GB8170 和 GB4284 规定的标准后才可使用。

（4）不应使用未经国家有关部门批准登记和生产的商品肥料和新型肥料。

（5）作土施追肥使用的化学肥料应在采果前 30 天停用，作叶面追肥的肥料应在采果前 20 天停用。

（6）建议使用平衡施肥和营养诊断施肥。

二、施肥时间和方法

（一）幼树

芒果幼树施肥的目的主要是促进营养生长，增加枝条级数，扩大树冠面积，为早结果早丰产创造条件。此时施肥以氮、磷肥为主，适当配合钾肥。

1. 基肥　定植前 2～3 个月挖穴，施入绿肥、腐熟有机肥等，常规穴按 80 厘米×70 厘米×60 厘米，每穴施入绿肥 25 千克、腐熟有机肥 20～30 千克、磷肥 1 千克、生石灰 0.5 千克。第二年和第三年，每年 7～9 月份结合土壤改良施有机肥，施肥量与之相同。

2. 追肥　在施足基肥的情况下，定植当年少施或不施化学肥料。在第 2～3 年，每年采用环状沟施肥。（彩图 2-25）

土壤为沙土，树龄 2 年，每梢一次肥，每次用量为尿素 100 克＋硫酸钾 50 克。春梢、夏梢、秋梢萌动前分别施一次有机肥，用量为每株 10 千克＋钙镁磷肥 0.5 千克。

土壤为壤土或轻黏土,树龄2年,3月、5月、7月、9月份各施化肥一次,每次每株用量为尿素200克＋硫酸钾100克。春梢、夏梢、秋梢萌动前分别施一次有机肥,用量为每株10千克＋钙镁磷肥0.5千克。

土壤为沙土,树龄3年,每梢一次肥,每次用量为尿素200克＋氯化钾100克。春梢、夏梢、秋梢萌动前分别施一次有机肥,用量为每株15千克＋钙镁磷肥0.5千克＋石灰0.5千克。

土壤为壤土或轻黏土,树龄3年,3月、5月、7月、9月份各施化肥一次,每次用量为尿素250克和氯化钾150克。春梢、夏梢、秋梢萌动前分别施一次有机肥,用量为每株15千克＋钙镁磷肥0.5千克＋石灰0.5千克。

建议用稀薄腐熟粪水或沤肥与化肥交替使用,减少化肥使用量,每株施用粪水15～20千克。

(二)结果树

结果树以促进结果、提高产量、增进品质为目标。国外施肥种类偏重于氮、钾肥,磷肥施用量很少。推荐施肥量为每生产1 000千克果实,施用氮肥(N)25.84千克,磷肥(P_2O_5)9.3千克,钾肥(K_2O)29.84千克,钙肥(CaO)12.5千克,镁肥(MgO)5.0千克。

1. 采果前后施肥 占总施肥量的40%,其中有机肥占80%,磷肥全部,其他肥占40%。在树两侧滴水线内侧挖宽30厘米、深40厘米的沟各一条,每年交替,将树盘杂草填入沟底,推荐施肥量为每株施厩肥20～30千克、三元复合肥0.5～1千克、钙镁磷肥0.5～1千克、尿素0.1～0.2千克、硼砂50克、生石灰0.5～1千克。

2. 催花肥 占总施肥量的10%～15%,推荐施肥量为末次秋梢老熟雨季结束前结合断根施入饼肥1千克、磷钾二元复合肥0.2～0.5千克,在开花前1个月施用。

3. 谢花肥　开花后期至谢花时施用，约占总施肥量的15％～20％。推荐施肥量为三元复合肥 0.3～0.4 千克、尿素0.1～0.2 千克。

4. 壮果肥　谢花后 30～40 天施用，约占施肥量的 30％～35％。推荐施肥量为每株三元复合肥 0.3～0.5 千克、氯化钾0.5 千克、花生饼肥 0.2～0.5 千克、粪水 1～2 次，每株每次15～20 千克。

5. 叶面肥　在秋梢转绿期、花蕾期、幼果发育期各追施 2～3 次，间隔期 7～10 天。秋梢期结合病虫害防治，叶面肥种类见表 2-3。

第七节　芒果病虫害高效安全防治

贯彻"预防为主，综合防治"的植保方针，以改善果园生态环境，加强栽培管理为基础，充分利用果园之间的自然隔离作用和生物多样性的优势，加强种苗检疫，防止新病虫传入，综合应用各种防治措施，优先采用农业措施、生物防治和物理防治方法，配合使用高效、低毒、低残留量化学农药，并改进用药技术，禁用高毒、高残留化学农药，降低农药用量，将病虫害控制在经济阈值之下，保证芒果质量符合 NY 5024 的规定。

一、农业防治

因地制宜选用抗病虫害或耐病虫害的芒果优良品种；同一地块应尽量种植单一品种，避免混栽不同花期和成熟期品种。在果园建设和栽培管理过程中，采用种植防护林带、蜜源植物、行间间作或生草等手段，创造有利于果树生长和天敌生存而不利于病虫生长的生态系统，保持生物多样化和生态平衡；通过芒果抽梢期、花果期和采果后的修剪，去除交叉枝，过密枝、病虫枝、叶、花、果，并集中烧毁，减少传染源；冬季清洁田园，把枯枝、病虫枝、叶等集中烧毁，减少传染源；翻晒果园土壤，杀死蓟马、切叶象甲等害虫蛹；加强栽培管理，提高植株抗病能力，适期放梢，促使每次梢整齐抽出，避开害虫高峰期，摘除零星抽发的嫩梢，有利于统一喷药防治；中耕，翻地晒土，杀死地下害虫。

二、物理防治

使用诱虫灯诱杀夜间活动的害虫，利用黄色荧光灯驱赶吸果夜蛾；采用人工或工具捕杀金龟子等害虫和蛹。利用颜色如黄色板、蓝色板和白色板诱杀蓟马等害虫。采用防虫网和捕虫网隔离和捕杀害虫。及时对果实套袋，防治炭疽病、细菌性黑斑病、吸果夜蛾、果实蝇等病虫害危害。

三、生物防治

（1）果园周围和行间间种蜜源植物（但避免栽种蓟马喜食植物），以创造有利于天敌繁衍的生态环境，尽可能利用机械和人工除草，既防治草害又保护天敌。在化学防治时尽量选用对天敌低毒的药剂，并尽量采用田间挑治等方法，保护蚜小蜂、跳小蜂等寄生性天敌及瓢虫、草蛉、蜘蛛等捕食性天敌。

（2）收集、引进、繁殖、释放主要害虫天敌，如捕食螨、草蛉、寄生蜂等。

（3）使用真菌、细菌、病毒等生物源农药，生化制剂和昆虫生长调节剂，如苏云金杆菌乳剂、苏云金杆菌粉剂、生物复合杀虫剂、阿维菌素、浏阳霉素、灭幼脲、除虫脲、氟虫脲、多氧霉素、春雷霉素、米满、农抗120、大蒜素、印楝素等。

四、化学防治

（1）推荐使用植物源杀虫剂、微生物源杀虫杀菌剂、昆虫生长调节剂、矿物源杀虫杀菌剂以及低毒低残留有机农药。

杀虫剂：苏云金杆菌乳剂、苏云金杆菌粉剂、生物复合杀虫剂、阿维菌素、浏阳霉素、烟碱、除虫菊、苦参碱、印楝素、鱼藤茴蒿素、松脂合剂、机油乳剂、杀螟松、灭幼脲、除虫脲、氟虫脲、定虫隆、农梦特、敌百虫、吡虫啉、米满、辛硫磷等。

杀菌剂：多氧霉素、农抗 120、石硫合剂、硫磺悬胶剂、硫酸铜、氢氧化铜、波尔多液、菌毒清、代森锰锌类、甲基托布津、多菌灵、百菌清、灭病威、溴菌清、噻菌灵、异菌脲、硫酸链霉素、三唑酮等。

除草剂：草甘膦、百草枯等。

植物生长调节剂：赤霉素、乙烯利、多效唑等。

（2）限用中等毒性有机农药 乐果、喹硫磷、叶蝉散、抗蚜威、氯戊菊酯、氯氰菊酯、顺式氯氰菊酯、溴氰菊酯、敌敌畏、氯氟氰菊酯、甲氰菊酯、毒死蜱、杀虫双、氟虫睛、双甲脒、噻螨酮、哒螨酮等。

（3）合理使用农药 控制农药使用剂量，掌握安全间隔期。参照执行 GB4285、GB/T8321 中有关的农药使用准则和规定，严格掌握施用剂量、每季使用次数、施药方法和安全间隔期；对标准中未规定的农药严格按照农药说明书中规定的使用浓度范围和倍数，不得随意加大剂量和浓度。对限制使用的中毒性农药应针对不同病虫害使用其浓度范围中的下限。对限制使用的化学农药最后一次用药距采收间隔期应 30 天以上，对允许使用的化学农药最后一次用药距采收间隔期应 20 天以上，采用施保克、特克多等微毒和低毒、残留期短的防腐保鲜剂，最后一次用药时间可推迟到采收前 10 天。

轮换使用药剂，避免产生抗药性。建议不同类型农药交替使用，每年同一类型农药使用次数不得超过3次。

把握防治时期，对症用药。掌握病虫害的发生规律和不同农药的持效期，选择合适的农药种类、最佳防治时期、高效施药技术，达到最佳效果。同时，了解农药毒性，使用选择性农药，减少对人、畜、天敌的毒害以及对产品和环境的污染。

不应使用未经国家有关部门登记和许可生产的农药。

五、综合防治

（一）春梢和花期

重点防治对象：炭疽病、白粉病、横线尾夜蛾、扁喙叶蝉、切叶象甲、叶瘿蚊、蓟马、螨类、蚜虫等。

1. 农业措施　选用抗病或耐病品种。同一地块果园种植同一品种，通过修剪降低果园荫蔽度，促进芒果抽梢、抽花整齐。对零星抽出的新梢人工摘除。及时将病枝、叶、花剪除，集中烧毁，及时收拾被害嫩叶集中烧毁，杀死虫卵。在树干上捆缚稻草或椰糠、木糠等，诱使尾夜蛾幼虫化蛹，每隔8～10天将草把取下烧毁。新梢抽出前，对果园土壤除草松土，杀死叶瘿蚊、蓟马等的蛹。

2. 物理防治措施　用黑光灯诱杀横线尾夜蛾，用蓝板或黄板诱杀蓟马。

3. 化学防治

（1）炭疽病　用10％苯醚甲环唑水分散粒剂1 500倍液或25％丙环唑乳油1 000～1 500倍液，50％多菌灵可湿性粉剂1 000～1 500倍液，1.5％多氧霉素50％多菌灵可湿性粉剂，5％菌毒清，1％生菌素水剂300倍，2％农抗120 500～600倍，70％甲基托布津、75％代森锰锌可湿性粉剂800～1 000倍，1：1：100波尔多液，45％咪鲜胺可湿性粉剂1 000～1 500倍液，

25%咪鲜胺乳油 800～1 000 倍液，于花蕾期每 10 天一次，连喷 2～3 次，防治炭疽病。

（2）白粉病　用 20%三唑酮可湿性粉剂 1 000～1 500 倍液或 25%丙环唑乳油 1 000～1 500 倍液，40%氟硅唑乳油 8 000 倍液，50%醚菌酯水分散粒剂 3 000 倍液，50%硫黄·三唑酮悬浮剂 500 倍液，40%多菌灵·三唑酮可湿性粉剂 800 倍，2%农抗 120 水剂、70%甲基托布津 1 000～1 500 倍，60%代森锰锌、40%灭病威胶悬剂 400～600 倍液，0.3～0.4 波美度石硫合剂，开花期开始每隔 15 天喷一次，连喷 2 次，防治白粉病。

（3）横线尾夜蛾　用 90%敌百虫晶体（或 80%敌敌畏乳油）800～1 000 倍或 20%氯戊菊酯乳油（或 2.5%溴氰菊酯可湿性粉剂）1 000～2 000 倍、90%敌百虫晶体＋25%杀虫双水剂 800 倍，于嫩梢和刚抽花序期每隔 10 天，连喷 2 次，防治横线尾夜蛾。

（4）叶瘿蚊和切叶象甲　化学防治可选用 10%顺式氯氰菊酯乳油 1 500 倍液或 5%天然除虫菊乳油 1 500 倍液，20%氯氰·敌畏乳油 1 000 倍液，4.5%高效氯氰菊酯水乳剂 1 000 倍液，20%氯戊菊酯乳油，2.5%高效氯氟氰菊酯水乳剂（或 2.5%溴氰菊酯可湿性粉剂）2 000 倍，40.7%毒死蜱乳油 1 000 倍液，90%敌百虫晶体＋40%乐果乳油各 600 倍，于新梢抽生期每隔 10 天连喷 2～3 次，防治叶瘿蚊和切叶象甲。也可在春梢抽出前，在树冠滴水线内撒施毒土或用药剂喷洒地面，杀死在地表化蛹的幼虫或蛹。

（5）扁喙叶蝉　用 20%叶蝉散乳油、20%氯戊菊酯或 2.5%溴氰菊酯可湿性粉剂 1 000～2 000 倍，或 80%敌敌畏乳油、40%乐果乳油 800～1 000 倍，10%顺式氯氰菊酯 4 000～6 000 倍，于花序抽生期和幼果期各喷 1～2 次，防治扁喙叶蝉。

（6）蚜虫　用 10%吡虫啉 4 000～6 000 倍或 1.8%阿维菌素乳油 6 000 倍，80%敌敌畏乳油或 40%乐果乳油 800～1 000 倍，

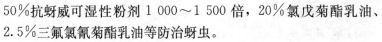

50%抗蚜威可湿性粉剂 1 000~1 500 倍，20%氯戊菊酯乳油、2.5%三氟氯氰菊酯乳油等防治蚜虫。

（7）蚧类　在若虫盛孵期，用低毒化学农药防治，可选用40%杀扑磷乳油 600 倍液或 20%松酯酸钠 100 倍液、80%敌敌畏乳油 800~1 000 倍、48%毒死蜱 1 000~1 500 倍、20%氯戊菊酯乳油 2 000 倍，防治蚧类。

（8）蓟马　用吡虫啉乳油 3 000~5 000 倍液或 2.2%阿维·吡虫啉乳油 1 000~1 500 倍液、4%阿维·啶虫脒乳油 1 500~2 000 倍液、70%吡虫啉水分散粒剂 8 000 倍液、3%啶虫脒1 500倍液防治蓟马。

（9）螨类　用 5%噻螨酮乳油 1 500~2 000 倍或 20%双甲脒乳油 1 500~2 000 倍、1.8%阿维菌素 6 000 倍、15%~20%速螨酮 1 500~3 000 倍，防治螨类。

（二）夏梢和幼果期

重点防治对象：炭疽病、细菌性黑斑病、疮痂病、扁喙叶蝉、叶瘿蚊、剪叶象甲、脊胸天牛、蚜虫、蛱蝶、小齿螟、蓟马类、螨类、蚧类。（彩图 2-26）

1. 农业措施　不从病区引入种苗和接穗。及时清除天牛、切叶象甲、小齿螟、横纹尾叶蛾等危害的虫叶、枯枝、落叶、落果集中烧毁。加强水肥管理，提高抗性。每次暴风雨后喷 1%波尔多液或 77%氢氧化铜可湿性粉剂、75%百菌清可湿性粉剂 500~800 倍，72%硫酸链霉素可湿性粉剂 4 000 倍，加强保护，预防细菌性黑斑病、炭疽病和枝枯病等。利用果实套袋防护果实。结果树人工剪除夏梢，幼龄树促夏梢整齐抽发，有利统一防治。

2. 物理防治措施　利用黑光灯诱杀天牛、小齿螟、夜蛾等成虫，捕杀成虫卵块，用网捕蛱蝶成虫，小果期用蓝板或黄板诱杀蓟马。

3. 化学防治

(1) 疮痂病 用75％百菌清可湿性粉800倍或70％托布津可湿性粉剂500～800倍、50％甲基托布津可湿性粉剂1 000倍、50％多菌灵可湿性粉剂1 000～1 200倍、75％代森锰锌可湿性粉剂800～1 000倍，在嫩梢期喷药，防治疮痂病。

(2) 细菌性黑斑病 用47％加瑞农(春雷·王铜)可湿性粉剂800倍液或72％农用硫酸链霉素可湿性粉剂3 000倍液、20％噻菌铜悬浮剂500倍液、3％中生菌素可湿性粉剂800倍、52％克菌宝(王铜·代森锌)800倍液、3％春雷霉素800倍液、77％可杀得3 000水分散粒剂1 500倍液，防治细菌性黑斑病。

(3) 瘠胸天牛 用蘸有80％敌百虫或20％氯戊菊酯乳油或80％敌敌畏乳油的棉团、56％磷化铝片剂，堵塞蛀道最下方的3个排粪孔，用黏土封住孔洞口毒杀瘠胸天牛。

(4) 夜蛾或蛱蝶 用20％氯戊菊酯乳油(或2.5％溴氰菊酯可湿性粉剂)2 000倍或90％敌百虫晶体＋40％乐果乳油各600倍，于蛱蝶幼虫期防治夜蛾或蛱蝶。

(5) 小齿螟 用90％敌百虫晶体或40％乐果乳油1 500倍、20％氯戊菊酯乳油(或2.5％溴氰菊酯可湿性粉剂)4 000倍，于幼果期防治小齿螟。

(6) 螨类 用5％尼噻螨酮乳油1 500～2 000倍或20％双甲脒乳油1 500～2 000倍、1.8％阿维菌素6 000倍、15％～20％速螨酮1 500～3 000倍，防治螨类。

(7) 炭疽病、叶蝉、叶瘿蚊、剪叶象甲、蚜虫、蓟马类、蚧类 防治方法同花期。

(三) 果实生长后期

重点防治对象：细菌性黑斑病、炭疽病、蛀果虫类(橘小实蝇、小齿螟、腰果云翅斑螟等)、扁喙叶蝉、果肉象甲、果核象甲、吸果夜蛾等。(彩图2-26)

1. 农业措施 防止柑橘小实蝇，果肉、果核象甲传播与扩散。利用果实套袋保护果实。及时摘除被害果，清除枯枝落叶、落果，集中处理。及时采收果实，避免柑橘小实蝇危害熟果。采果时用"一果二剪"法，减少病菌从果柄浸入。清除果园周围的防已科植物，杜绝虫源。加强果品检疫，防止果实象甲、果肉象甲、果核象甲随果品调运传播与扩散。

2. 物理防治措施 利用黄色荧光灯驱赶吸果夜蛾成虫，也可用手电筒人工捕杀。

3. 化学防治 用90％敌百虫晶体800～1 000倍＋3％～5％红糖水，每隔7天喷洒一次，连喷3次；用引诱剂或蛋白胨诱杀橘小实蝇，也可用浸泡过甲基丁香酚加3％溴磷溶液的蔗渣纤维板悬挂果树上诱杀雌成虫；防止柑橘小实蝇对成熟期果实的危害。

用20％氯戊菊酯乳油或2.5％溴氰菊酯可湿性粉剂2 000倍液，或90％敌百虫晶体＋40％乐果乳油各600倍液，于幼果期每隔10天连喷2～3次，防治果肉象甲、果核象甲。

细菌性黑斑病、炭疽病的防治参照幼果期。

腰果云翅斑螟的防治参照小齿螟的防治方法。

（四）采后修剪期和秋梢生长期

重点防治对象：细菌性黑斑病、炭疽病、扁喙叶蝉、叶瘿蚊、蚜虫、横纹尾夜蛾、煤烟病、脊胸天牛、蚧类、螨类、白蛾蜡蝉、畸形病等。

结合采后修剪长度清除树上或地上病虫枝、叶、果，并集中焚毁或深埋，用10％石灰水刷干，全园喷洒2波美石硫合剂、30％氢氧化铜可湿性粉剂或1％波尔多液防护伤口和减少菌源。用20％松酯酸钠100倍液、45％石硫合剂60倍液喷枝干（避免喷到叶片上），彻底杀灭介壳虫。在有芒果畸形病的果园，修剪时注意工具消毒，避免病害交叉传播，用达螨灵1 500～2 000倍液或噻螨酮 1 500 倍液、50％多菌灵 600～800 倍液、70％甲基硫菌灵 800～1 000 倍液、75％百菌清 600～800 倍液、25％咪鲜胺乳油 800～1 000 倍液，防治芒果畸形病（杀菌剂、杀螨剂交替使用或同时使用）。

注意在新梢转绿前喷药防治细菌性黑斑病、疮痂病、炭疽病和叶瘿蚊等，特别注意在每次台风雨后喷药，防治细菌性黑斑病和枝枯病。其他病虫害的防治参照花期和果期。

（五）花芽分化与抽蕾期

主要防治对象：天牛幼虫。

综合防治措施：冬季彻底清园，清除果园病虫枝叶，集中烧毁。用 10％石灰水树干刷白，全园喷洒 2 波美石硫合剂、30％氢氧化铜可湿性粉剂或 1％波尔多液防护。翻地晒土，消灭虫卵。用 80％敌敌畏或 20％氯戊菊酯灌注脊胸天牛虫卵，消灭幼虫。

六、芒果生产禁用农药

芒果生产不应使用剧毒、高毒、高残留或具有"三致"的农药，详见表 2-5。

表 2-5　无公害芒果生产中不应使用的化学农药种类

农药种类	农药名称	禁用原因
无机砷杀虫剂	砷酸钙、砷酸铅	高毒
有机砷杀菌剂	甲基胂酸锌、甲基胂酸铁铵（田安）、福美甲胂、福美胂	高残留
有机锡杀菌剂	薯瘟锡（三苯基乙酸锡）、三苯基氯化锡毒菌锡、氯化锡	高残留
有机汞杀菌剂	氯化乙基汞（西力生）、乙酸苯汞（赛力散）	高毒、高残留

（续）

农药种类	农药名称	禁用原因
有机杂环类	敌枯双	致畸
氟制剂	氟化钙、氟化钠、氟乙酸钠、氟乙酰胺、氟硅酸钠、氟睇酸钠	剧毒、高毒、易药害
有机氯杀虫剂	DDT、六六六、林丹、艾氏剂、狄氏剂、五氯酚钠、氯丹	高残留
卤代烷类熏蒸杀虫剂	二溴乙烷、二溴氯丙烷	致癌、致畸
有机磷杀虫剂	甲拌磷（3911）、久效磷（纽瓦克、铃杀）、对硫磷（1605）、甲基对硫磷（甲基1605）、甲胺磷（多灭磷）、氧化乐果、特丁硫磷（特丁磷）、水胺硫磷（羧胺磷）、磷胺、甲基异柳磷、地虫硫磷（大风雷、地虫磷）	剧毒、高毒
氨基甲酸酯杀虫剂	克百威（呋喃丹、大扶农）、涕灭威、灭多威	高毒
二甲基脒类杀虫杀螨剂	杀虫脒	慢性毒性致癌
取代苯类杀虫杀菌剂	五氯酚（五氯苯酚）	高毒
二苯醚类除草剂	除草醚、草枯醚	慢性毒性
植物生长调节剂	2，4-D、比久（B9）	致癌、致畸

第八节　芒果采收及贮运

　　芒果是典型的呼吸跃变型水果，采后生理代谢旺盛，在常温下不耐贮藏，在低温下易受冷害，在高温下加速腐烂，密封条件下容易变质，出现异味，给芒果商品化生产提出了难题。为了拓宽芒果市场，提高芒果生产的经济效益，确保芒果产业的稳步发展，芒果的贮运保鲜成为亟待解决的问题。我国芒果产品主要以初级加工为主，芒果加工产品单一，局限于芒果汁、果脯和速冻果等，但我国芒果加工业的发展潜力很大，芒果蜜饯、甜酸芒果片、芒果干等新型芒果产品已经上市，丰富了食品市场。

一、芒果的安全卫生指标

根据我国农业行业标准 NY5024—2001 无公害食品 芒果的规定，要求无公害芒果须达到如下安全卫生指标（表 2 - 6）。

表 2 - 6 无公害食品芒果安全卫生指标

项　目	指标毫克/千克
汞（以 Hg 计）	≤0.01
氟（以 F 计）	≤0.5
砷（以 As 计）	≤0.5
铅（以 Pb 计）	≤0.2
铜（以 Cu 计）	≤10
镉（以 Cd 计）	≤0.03
铬（以 Cr 计）	≤0.5
六六六（BHC）	≤0.2
滴滴涕（DDT）	≤0.1
溴氰菊酯（deltamethrin）	≤0.1
氰戊菊酯（fenvalerate）	≤0.2
氯氰菊酯（cypermethrin）	≤2.0
氯氟氰菊酯（cyhalothrin）	≤0.5
敌百虫（trichlorphon）	≤0.1
敌敌畏（dichlorvos）	≤0.2
乐果（dimethoate）	≤1.0
倍硫磷（fenthion）	≤0.05

项　目	指标毫克/千克
克百威[a]（carbofurnan）	不得检出
马拉硫磷（malathion）	不得检出
对硫磷（parathion）	不得检出
甲胺磷（methamidophos）	不得检出
甲拌磷（phorate）	不得检出

[a]　克百威为 GB14928.7—1994 中呋喃丹的通用名。

二、芒果的采收

（一）采收成熟度的确定

芒果要适时采收，如采收过早，果实风味淡，极易失水，使果皮皱缩；采收过晚，果实自然脱落，后熟加快，不耐运输。确定芒果采收成熟度的方法很多，一般有如下几种：

1. 根据果实外观　当果实已停止增大，果实饱满，两肩浑圆，果皮颜色具有本品种特有的色泽，果实已基本成熟。

2. 根据整棵果树成熟状况　一棵树已有自然成熟果落果或有果实蝇和吸果夜蛾危害果实时，即可采收。

3. 根据果实内果肉果核情况　切开果实，种壳变硬，果肉微黄或浅黄色，经 7～10 天后熟果皮不皱缩，便可采收。

4. 根据果实的密度　根据测定，芒果密度如每平方厘米低于 1.015 克时，尚未成熟；如在 1.02 克或更高时，即可采收。可以将果实放在水中，出现半下沉或下沉，即已成熟。

5. 按果实发育期天数　不同品种之间的差别很大，从谢花至成熟在 80～150 天，早中熟品种约需 80～120 天，晚熟品种约需 120～150 天。如吕宋芒从谢花至成熟在菲律宾 82～88 天，海南三亚 85～90 天，儋州市 90～100 天。

判断芒果最适宜采收成熟度时，最好是将这几种方法结合起来用。

（二）采收时间

采收宜在晴天上午 9 时以后树叶、果实无露水时采收，雨天不宜采收。雨天采收的果实均不耐贮藏，且易感染炭疽病和蒂腐病。如遇台风，应在台风前采收。

（三）采收要求

应进行无伤采果。整个采收过程中严防机械损伤，轻拿，轻放，轻搬。采收时，工人应戴手套，用枝剪或果剪逐个剪下，禁止用力摇落或用竹竿打落，手摘不到的芒果，可用带袋的竹竿采果。采用"一果二剪法"，即第一剪留果柄长约 5 厘米，第二剪留果柄长约 0.3～0.5 厘米，防止因乳汁流出污染果皮而引起腐烂，如仍有乳汁流出，则应将果柄朝下，放置 1～2 小时后再装筐。果实采后迅速移至阴凉处散热，剔除病、虫、伤果。在果园装果用的容器应用软物衬垫。果实放置时，果柄向下，每放一层果实垫一层干净柔软的衬垫物，避免乳汁相互污染果面。采收工具要清洁、卫生、无污染，采收和搬运过程中避免曝晒、雨淋。采收的果实不能堆在阳光下，应放在阴凉的地方。

三、芒果的杀菌和分级

（一）杀菌杀虫

热水浸果是许多国家出口芒果商业包装间必须采取的措施之一。采下的果实 8 小时内应用清水或 1‰的醋酸溶液洗净果皮的乳汁、泥污及其他污迹，或者用清水再加入少许洗洁净洗果，然后用清水漂洗，待干后用 52～54℃热水浸泡 8～10 分钟，用

1 000毫升/升扑海因、异菌脲、咪鲜胺等杀菌剂浸果，以控制炭疽病发生（彩图2-27）。用100毫升/升赤霉素溶液浸泡10分钟，可通过延缓果实后熟来控制早先潜入的炭疽病原菌的发展。有试验表明，芒果经100毫升/升赤霉素处理，可延迟成熟12天左右。也可结合热水处理洗果。浸果后捞出，摊开晾干，再选果包装贮藏。目前，果实主要采用熏蒸处理进行杀虫处理。

（二）芒果分级

1. 芒果的基本质量要求　根据我国农业行业标准NY5024—2001无公害食品　芒果的规定，所有级别的芒果，除各个级别的特殊要求和容许度范围外，应满足基本的质量要求：果形完整、端正、无裂果；有一定的硬度，未软化；新鲜，着色良好，有光泽；无变质、腐烂果；清洁，基本不含可见异物；无坏死组织；无明显的机械伤；基本无虫害、病害；无冷害、冻害；无异常外部水分，冷藏取出后无收缩；无异常气味和味道；发育充分，有适当成熟度；果柄切口平滑，其长度不超过1.2厘米。每批样品中不符合基本要求的芒果按质量计不得超过6%。根据不同品种的特点，采摘后，经过后熟能达到合适的成熟度，能适应运输和处理。

2. 质量等级　芒果可分为优等品、一等品、二等品。

（1）优等品　优等芒果有优良的质量，具有该品种固有的特性。优等芒果应无缺陷，但允许有不影响产品总体外观、质量、贮存性的很轻微的表面疵点。

（2）一等品　一等芒果要有良好的质量，具有该品种的特性。允许有不影响产品总体外观、质量、贮存性的轻微的缺陷：轻微的果形缺陷；对于A、B、C三个大小类别的芒果，机械伤、病虫害、斑痕等表面缺陷分别不超过3平方厘米、4平方厘米、5平方厘米。

（3）二等品　不符合优等品、一等品质良要求，但符合

NY5024—2001 规定的基本要求。允许有不影响基本质量、贮存性和外观的下列缺陷：果形缺陷；对于 A、B、C 三个类别的芒果，机械伤、病虫害、斑痕等表面缺陷分别不超过 5 平方厘米、6 平方厘米、7 平方厘米。

一级和二级芒果中零散栓化和黄化面积不超过总面积的 40%，且无坏死现象。

3. 芒果大小类别 芒果的重量决定芒果大小，芒果的大小按重量分为 A、B、C 三个类别，三类芒果重量标准大小范围分别为 200～350 克、351～550 克、551～800 克（芒果农业行业标准 NY/T492—2002）。

四、芒果的包装

包装材料要求卫生、无毒、无污染、透气。内包装材料可用薄绵软纸、硫酸纸、泡沫网、乙烯薄膜袋等，其上的印记等需用无毒墨水印刷，无毒胶水粘贴。外包装容器要求坚固、耐压、透气，保证芒果适宜处理、运输和贮藏，要求不能有异物和异味，不会对产品造成污染，可用瓦楞纸板箱和塑料框，瓦楞纸板的性能要符合 GB/T6543 的规定。

包装要求：经洗涤、热水处理或杀菌处理的芒果晾干后进行包装。内包装需单果包装，同一包装箱内的果实产地和品种一致，质量和大小均匀。果箱内果实不宜堆集过厚，一般放 1～3 层为宜。包装内可见部分的果实应和不可见部分的果实相一致。包装箱内芒果应与标示的等级规格一致。在纸箱上可以设计自己的标志，并可印上品种、等级、毛重、净重、包装日期及收货人、供应单位或姓名、住址、电话等，标志要符合 GB191 的规定，标签要符合 GB7718 的规定。礼品包装用的纸箱一般为手提式纸箱，要精心设计外观，力求做到精美、醒目、小巧、方便，芒果果实贴上精美的商标，以起到美化的作用。净重以 3～5 千克为宜，每箱装 12～20 个芒果。

在 A、B、C 三个芒果大小类别中，每一包装件内果重最大允许差分别不能超过 75 克、100 克、125 克。最小的果重不小于 200 克（芒果农业行业标准 NY/T492—2002）。

对于外销鲜果，可进行涂膜处理。目前，国内外的涂膜保鲜剂含有以下几类物质：成膜剂、抗氧化剂、防腐剂、植物生长激素以及一些辅助药剂（如表面活性剂）等。国内较为常见的涂膜保鲜剂是以壳聚糖为成膜剂制成的。壳聚糖用于芒果的保鲜研究表明，涂膜处理能减缓芒果贮藏时维生素 C 含量的下降，能降低芒果的呼吸强度并影响其呼吸途径底物和减少采后芒果细胞的膜脂过氧化等。

五、芒果的贮藏

（一）芒果的低温贮藏

芒果的适宜后熟温度为 21～24℃，高于或低于这个范围均难得到良好结果。温度超过这个范围，会使后熟的果实风味不正常；所以所采用的低温应逐步下降。具体方法是：将杀菌处理后分级包装后的芒果在 15 小时内移入冷库，在 20℃的环境下散热 1～2 天，然后转入 15℃存放 1～2 天，再在 13℃（不同品种耐低温性有所不同，最低安全温度为 9～13℃，低于这个温度时，一般品种易受冷害）条件下冷藏，相对湿度保持 85%～90%。这样可以明显推迟后熟过程，保鲜 20 天左右。冷藏后，需再放到温度 21～24℃下成熟 2～3 天，使其甜味增加，改善品质。

（二）芒果的常温贮藏

对于就近销售的芒果，可进行常温贮藏。其优点是成本低，设备简单；缺点是贮藏效果比较差。在保鲜处理的条件下，常温贮藏的寿命为 15～20 天。为提高常温的贮藏效果，应注意下列几个方面的问题。

1. 贮藏环境 宜选择通风荫凉处建贮藏库。在贮藏期间，如因果实散热而使室温增加，应安置抽风机或鼓风设备。

2. 果箱环境 贮藏用的果箱，必须清洁无菌；箱缘打孔，以便散热和气体交流；箱内必须保持干燥，避免湿物进入果箱；热处理后，需待果实冷却，果皮已无附着水分时方能包果装箱。

3. 经常检察 贮藏 7～8 天后，即应开箱检查，拣除病果、烂果和过熟果。避免病果和烂果浸染健康无病果。

选择通风良好、温度相对恒定、波动幅度小于 4℃、相对湿度较大的房屋作为库房。在室温约 30±2℃、相对湿度 60％～80％条件下，紫花芒果采后 5～7 天即达到可食程度。常温贮藏的果实，宜在采后 15 天内售完，否则商品价值大大降低。

（三）芒果的气调贮藏

在 13℃和 85％～90％相对湿度条件下，用 0.03～0.04 毫米厚的聚氯乙烯薄膜袋包装，控制 5％的氧和 5％～8％的二氧化碳气体指标，进行气调冷藏，可以进一步将贮藏保鲜期推迟到 30 天左右。但应注意贮藏结束时应去掉聚乙烯薄膜小袋，以防止发生二氧化碳伤害。贮藏中氧含量若达 8％左右、二氧化碳 6％左右，效果较好，若二氧化碳含量超过 15％，芒果不能正常转色和成熟。另外，在贮藏芒果的薄膜袋中放些乙烯吸收剂——高锰酸钾载体，可以提高贮藏效果。

（四）涂抹保鲜贮藏

在水果表面涂层处理，形成一层半透膜，可选择性地控制 O_2、CO_2 和水蒸气的渗透，延缓其采后生理活动；也限制了昆虫和微生物的入侵。且涂层法比其他贮藏法成本低，操作简单。使用聚乙烯蔗糖酯，羧甲基纤维素的盐类和单、二酰甘油混合制备乳化液涂层处理，可延缓芒果的后熟。

其他保鲜方法还有 BP 生物膜保鲜、减压贮藏法、电子保鲜贮藏技术和射线照射贮藏法等。

六、芒果的运输

短距离运输可用卡车等一般的运输工具；长距离运输要求有调温、调湿、调气设备的集装箱运输。运输工具通风良好，卫生条件良好，无毒、无不良气味。严禁与有毒有害物质混运。

参 考 文 献

陈杰忠 . 2003. 果树栽培学各论：南方本 . 第 3 版 . 北京：中国农业出版社 .

海南省统计局 . 2003—2008. 海南统计年鉴 . 北京：中国统计出版社 .

黄德炎，陈延玲 . 1999. 芒果早结丰产栽培技术 . 北京：中国盲文出版社 .

黄辉白 . 2003. 热带亚热带果树栽培学 . 北京：高等教育出版社 .

江泽林 . 2005. 海南省优势农产品区域布局研究 . 北京：中国农业出版社 . 464 - 480.

李桂生 . 1993. 芒果栽培技术 . 广州：广东科技出版社 .

农业部发展南亚热带作物办公室 . 2001—2009. 全国热带、亚热带作物生产情况 .

农业部 . 中华人民共和国农业行业标准 . 芒果　嫁接苗 . NY/T 590—2002.

全国农业技术推广服务中心 . 2003. 无公害果品生产技术手册 . 北京：中国农业出版社 .

许树培 . 2000. 芒果栽培技术 . 海口：海南出版社 .

许树培 . 2007. 芒果栽培技术 . 海口：海南出版社，三环出版社 .

许树培，陈业渊，高爱平 . 2010. 海南芒果品种资源图谱 . 北京：中国农业出版社 .

杨一雪 . 1994. 芒果丰产新技术 . 南宁：广西科学技术出版社 .

陈豪军 . 2002. 芒果中熟良种——桂热芒 82 号 . 广西热带农业（1）：16，29.

周北沛，林森馨，胡桂兵，等.1997.芒果良种东镇红芒的选育及栽培技术.福建果树（2）：50-52.

Richard E. Litz. 2009. The mango Botany，Production and Uses（2ND Edition），CAB International.

彩图1-1　香蕉秋冬套种（刘绍钦提供）

彩图1-2　低压喷水带

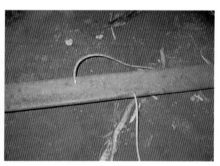

彩图1-3　小管出流

彩图1-4　滴　灌

彩图1-5　泵前吸肥

彩图1-6　除花后防止乳汁滴到下层果

彩图1-7 间隔疏果

彩图1-8 卫生纸堵伤口止乳

彩图1-9 疏果、断蕾

彩图1-10 果穗牵引、标志断蕾期

彩图1-11 套袋防尘

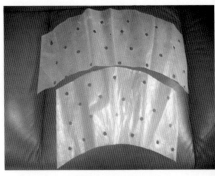

彩图1-12 梳 袋

彩图1-13　珍珠棉垫把

彩图1-14　套梳袋

彩图1 15　套珍珠棉内袋

彩图1-16　盖两张报纸

彩图1-17　遮上两层报纸

彩图1-18　套上蓝色薄膜袋

彩图1-19　套纸袋

彩图1-20　果穗套隔梳袋、珍珠棉、
　　　　　报纸、蓝袋

彩图1-21　套毛毯保温

彩图1-22　外套薄膜袋防水

彩图1-23　大蕉用红纸袋、报纸、蓝色
　　　　　薄膜袋套袋

彩图1-25 海贡蕉冬季套袋

彩图1-24 粉蕉套珍珠棉加蓝色薄膜袋

彩图1-27 冬季袋内温湿度高引发霉菌

彩图1-26 贡蕉（海贡蕉）套无纺布
加蓝色薄膜袋

彩图1-28 象牙蕉枯萎病

彩图1-29 花叶心腐病心腐状

彩图1-30 花叶心腐病花叶状

彩图1-31 香蕉叶斑病

彩图1-32 香蕉黑星病

彩图1-33 香蕉束顶病、卷叶虫危害

彩图1-34 彩色绳子记录断蕾批次

彩图1-35 采收时留叶促芽

彩图1-36 采收时2人作业

彩图1-37 抬 蕉

彩图1-38 将被采收的果穗套袋撕开，
统计穗数

彩图1-39 垫 把

彩图1-40 托盘扛果穗（菲律宾）

彩图1-41　托盘车运果梳（菲律宾）

彩图1-42　托盘车运果梳（海南金土）

彩图1-43　挑　蕉

彩图1-44　果穗运输车（海南万钟）

彩图1-45　索道运果穗（广西大热门）

彩图1-46　流动包装流程（广西金穗）

彩图2-1 贵妃芒

彩图2-3 台农1号

彩图2-2 白象牙芒

彩图2-5 凯 特

彩图2-4 金煌芒

彩图2-6　金百花芒

彩图2-7　紫花芒

彩图2-8　椰香芒

彩图2-9　爱文芒

彩图2-10　吕宋芒

彩图2-11　串　芒　　　　　　　彩图2-12　芒果紫红色新梢

彩图2-13　芒果花朵形态与构造示意图

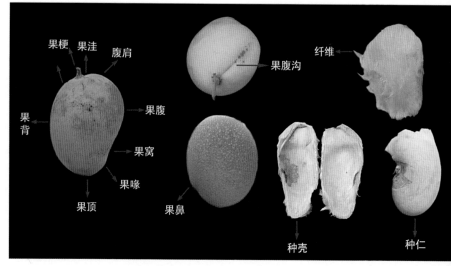

彩图2-14　芒果果实与种子构造示意图

彩图2-15　多胚种仁

彩图2-16　芒果开花状

彩图2-17　平地果园

彩图2-18　坡地果园

彩图2-19　剥壳取仁

彩图2-20　袋装苗

彩图2-21　芒果高接换冠

彩图2-22　芒果高接换冠

彩图2-23　金煌芒果套袋

彩图2-24　圣心芒摘袋后

彩图2-25　环状沟施肥

彩图2-26-1　白粉病危害状

彩图2-26-2　细菌性黑斑病危害状

彩图2-26-3　脊胸天牛危害状

彩图2-26-4　烟煤病危害状

彩图2-27　炭疽病危害状